Das bietet Ihnen die CD-ROM

- Aufgaben und Lösungen
- Formulare, Materialien und Vorlagen
- Checklisten
- Tests
- Karriereplaner

Karriereplaner

Wissenstest
Schätzen Sie Ihre eigenen Verhandlungsfähigkeiten ein
Auflösung

Die richtige Vorbereitung
Checkliste: Welcher Vorbereitungstyp sind Sie?
Checkliste: Meine Verhandlungsstärken/-schwächen
Materialien: Vorbereitungsliste

Den Verhandlungspartner richtig einschätzen
Materialien: Grundbedürfnisse im Arbeitskontext (leeres Formular)
Materialien: Grundbedürfnisse im Arbeitskontext
ToDo: Erkennen Sie, was für ein Typ Sie sind

Die richtige Verhandlungstaktik
Materialien: Aufbau Ihrer Argumentation
Materialien: Setzen Sie die Fragetechnik richtig in der Verhandlung ein
Checkliste: Ihre Vorteile gegenüber der Konkurrenz
Materialien: Die Balance halten
ToDo: Schätzen Sie sich ein
Materialien: Einwänden begegnen
ToDo: Handlungsanweisungen bei Einwänden

Verhandeln Sie gekonnt – meistern Sie einen Konflikt
Materialien: So funktioniert ein Brainstorming
Checkliste: Die Situation der Einzelnen richtig einschätzen
Materialien: Die sechs Gesprächsphasen

Zu guter Letzt: So kommen Sie in Ihrer Karriere weiter
Abschlusstest
Lösungen
Checkliste für erfolgreiche Verhandlungen
Karriereplaner

Überall, wo Sie das Icon sehen, finden Sie die Texte vollständig im DIN-A4-Format auf der CD-ROM – direkt zum Übernehmen in Ihre Textverarbeitung.

Bibliografische Information Der Deutschen Bibliothek

Die Deutsche Bibliothek verzeichnet diese Publikation in der Deutschen Nationalbibliografie; detaillierte bibliografische Daten sind im Internet über http://dnb.ddb.de abrufbar.

ISBN 3-448-07269-9 Bestell-Nr. 00229-0001
ab 01.01.2007
ISBN 978-3-448-07269

Redaktionsanschrift: Postfach 13 63, 82142 Planegg
Hausanschrift: Fraunhoferstraße 5, 82152 Planegg
Telefon (089) 8 95 17-0, Telefax (089) 8 95 17-2 50
Internet: http://haufe.de, E-Mail: erste-hilfe@haufe.de
Redaktion/Lektorat: Stephan Kilian

Umschlaggestaltung: Simone Kienle
Gesamtbetreuung, Lektorat und DTP: Ariadne-Buch, Christine Proske, München
Redaktion und DTP: Irmela Wedler, München
Druck: Bosch Druck, 84004 Landshut-Ergolding

Frank Kittel

Test & Training Verhandlungstechniken

Inhalt

Was Ihnen dieses Buch bietet

Golda Meir (Ministerpräsidentin von Israel 1969 bis 1974) war berüchtigt für ihre Verhandlungsmethode der „großen Handtasche“. Wann immer sie den Eindruck gewann, dass Verhandlungen sich in einer Sackgasse befanden, oder es fast unmöglich erschien, ihre Position in den Verhandlungen durchzusetzen, benutzte sie voluminöse Aktentaschen als schlagkräftiges Argument, um ihrer Position Nachdruck zu verleihen. So mancher Diplomat, Berater und Assistent musste auf diese Weise Golda Meirs Verhandlungstechnik am eigenen Leib spüren.

Das ist gewiss nicht die Vorgehensweise, die Ihnen dieses Buch vermitteln möchte. Sie zeigt aber deutlich, wie frustrierend und nervenaufreibend Verhandlungen werden können. Entweder lässt sich die eigene Position nicht durchsetzen, oder es ist kein akzeptabler Kompromiss in Aussicht. Warum wird überhaupt verhandelt? Was heißt eigentlich „verhandeln“?

Was ist eine Verhandlung?

Unter einer Verhandlung verstehen wir den aktiven Prozess zur gemeinsamen Lösungsfindung, den mehrere Interessengemeinschaften untereinander ausdiskutieren.

Gegenseitige Wertschätzung!

Welche Grundlage muss gegeben sein, damit Sie langfristig mit einem Partner erfolgreich verhandeln? Eine wichtige Voraussetzung dafür ist die gegenseitige Wertschätzung. Eine Antwort auf diese Frage gab uns auch Fürst Clemens von Metternich (1773-1859) bereits vor langer Zeit. Von Metternich war österreichischer Staatsmann und Kanzler zur Zeit Napoleons. Er war wohl einer der begabtesten „Verhandler“ der Geschichte. Er kämpfte gegen Hegemonie (Vorherrschaft) und vertrat die Auffassung, dass nur ein Gleichgewicht der Kräfte den Frieden sichern und harte Konflikte vermeiden könne. Er hatte erkannt, dass ausschließlich eine Verhandlung, die beiden Seiten Vorteile bringt, zu einem dauerhaften Ergebnis führen kann.

Ausgewogene Machtverhältnisse

Tatsächlich bestätigt dies die Praxis. Bei Verhandlungen kommt es dann zu Abschlüssen mit Dauercharakter, wenn alle Beteiligten über vergleichbare Machtmittel verfügen. Das Gleichgewicht der Kräfte ist die wichtigste Voraussetzung für langfristige Lösungen. Verhandlungen sind erst dann erfolgreich, wenn sie beiden Seiten Nutzen bringen. Es geht um realen oder vermeintlichen Nutzen. Beide Seiten müssen gewinnen. Beide Seiten sollten auch verlieren. Das Geben und Nehmen ist bei Verhandlungen ein Dauerprozess. Dazu benötigt es immer viel Geduld, Dynamik sowie Einfühlungsvermögen.

Vertrauen
Information
Kommunikation

Die Bedingungen für gute Verhandlungen lassen sich auf drei Kernfaktoren zurückführen: Vertrauen, Information und Kommunikation. Vertrauen in die gute Absicht und die Motive des Verhandlungspartners, ausreichende Informationen und Hintergrundwissen über die Situation und den Verhandlungskontext und ein angemessenes Kommunikationsverhalten, verbal wie auch nonverbal, um Angebote und Argumente vortragen und verstehen zu können. Zum Schluss entscheiden zwei Faktoren über den Ausgang der Verhandlungen: Kreativität und Flexibilität. Die Kreativität, innovative Lösungen für festgefahrene Situationen zu finden, die die Verhandlungsmotive beider Seiten ausreichend berücksichtigen, sowie die Flexibilität der Verhandlungspartner, solche Lösungswege auch einzugehen.

Lerninhalte

Mit diesem Trainingsbuch lernen Sie,

- wie Sie Ihre Verhandlungen richtig vorbereiten und durchführen können,
- wie Sie die Motive Ihres Gegenübers richtig einschätzen lernen,
- wie Sie Ihren erfolgreichen Verhandlungsauftritt gestalten,
- wie Sie Verhandlungen im Berufsalltag beeinflussen und positiv gestalten können.

Ich hoffe, dass Sie dieses Buch nicht nur als „Basis-Training“ für Ihre Karriere verwenden, sondern dass es Sie auch dazu anregt, Ihre Neugier nie ruhen zu lassen und Ihre Leidenschaft für Ihren Beruf immer aufs Neue zu entfachen.

Wie Sie dieses Buch optimal für sich nutzen

Am Anfang des Buches finden Sie einen **Wissenstest**, mit dem Sie einschätzen können, wie gut Sie bislang schon verhandeln können. Am Ende des Buches finden Sie wiederum einen Test, der Ihnen dazu dient, die Dinge, die Sie im Verlauf der Lektüre gelernt haben, noch einmal zu überprüfen und damit zu festigen. Sie können dann entscheiden, welche Aspekte erledigt sind und um welche Sie sich weiterhin kümmern wollen.

In jedem Kapitel erhalten Sie neben relevantem **Wissen** und **Tipps** auch **Selbsttests** und **Übungen**, anhand deren Sie Ihr neu erworbenes Wissen testen können. Zu jeder Übung erhalten Sie einen **Lösungsvorschlag**, der Ihnen Ideen und Gedankenanstöße für Ihre eigene Lösungsfindung bietet. Nicht immer gibt es eine einzige Antwort, Sie kommen sicherlich auf weitere, für Sie noch zutreffendere Varianten.

Jedes Kapitel können Sie auch für sich nutzen, um einmal schnell Lösungen für Ihre Anliegen zu erhalten.

Ich wünsche Ihnen viel Erfolg damit.

Frank Kittel, im Januar 2006

Ihr Karriereplaner

Bevor Sie sich an die Arbeit machen und mit diesem Buch Ihre Fähigkeiten der Verhandlungstechnik ausbauen, nehmen Sie sich Zeit und überlegen Sie sich, welche kurzfristigen Ziele Sie erreichen wollen. Auf der nächsten Seite finden Sie einen Karriereplaner, der bereits ausgefüllt ist: Ziele und die dahin führenden Schritte sind für einen kürzeren Zeitraum schon einmal vorformuliert. So haben Sie einen Anhaltspunkt für die ganz individuelle Planung Ihrer Karriere.
Möglicherweise setzen Sie sich andere Ziele als die, die Sie hier vorfinden. Deshalb steht Ihnen auf der CD-ROM ein Blanko-Formular zur Verfügung, das Sie für sich ausfüllen können.

Karriereplan für das Jahr ______ Für ______

Test & Training

→ So nutzen Sie Ihren Karriereplaner

Analysieren Sie zuerst Ihre aktuelle Ausgangsposition, und formulieren Sie Ihre persönlichen Ziele. Wenn Sie das Ziel klar vor Augen haben, können Sie auch den Weg dorthin beschreiten.

Der Karriereplaner auf der mitgelieferten CD-ROM hilft Ihnen dabei, Ihre Ziele und die dafür notwendigen Schritte zu dokumentieren.

Karriereziel 1:

→ Die nächste Verhandlung vorbereiten

1. Analysieren Sie Ihre bisherigen Verhandlungen: Was lief gut, was schlecht?
2. Finden Sie heraus, welcher Verhandlungstyp Sie sind.
3. Überlegen Sie sich, mit welchem Ergebnis Sie die Verhandlung verlassen wollen.
4. Setzen Sie sich für jede Verhandlungssituation ein Minimal- und ein Maximalziel.
5. Klären Sie Ihre Position: Was wollen Sie erreichen, welchen Kompromiss könnten Sie eingehen, worauf möchten Sie keinesfalls verzichten?
6. ______
7. ______
8. ______

Ihre Schritte zum Ziel

Karriereziel 2:

→ Den Verhandlungspartner überzeugen

1. Achten Sie auf Ihre Körpersprache.
2. Achten Sie auf die Körpersprache Ihres Verhandlungspartners.
3. Suchen Sie kreative Lösungen.
4. Überprüfen Sie Ihre Argumentation.
5. Üben Sie Ich-Botschaften.
6. ______
7. ______
8. ______
9. ______
10. ______

Ihre Schritte zum Ziel

Karriereziel 3:

→ Eine Verhandlung sicher führen

1. Üben Sie, mit Einwänden umzugehen.
2. Reflektieren Sie „schwierige Situationen".
3. Erarbeiten Sie sich Handlungsalternativen.
4. Überlegen Sie sich mehrere Lösungsansätze (Brainstorming, Perspektivwechsel).
5. ______
6. ______
7. ______
8. ______
9. ______
10. ______

Ihre Schritte zum Ziel

Wissenstest

Schätzen Sie Ihre eigenen Verhandlungsfähigkeiten ein

Der folgende Test gibt Ihnen Aufschluss darüber, wie professionell Sie sich bisher in Verhandlungssituationen verhalten haben. Bitte erinnern Sie sich an Ihre letzten drei Verhandlungssituationen. Beantworten Sie folgende Fragen, und setzen Sie jeweils ein Kreuz.

Frage	sehr gut oder sehr stark	gut oder stark	weniger gut, weniger stark	schlecht oder schwach
Wie zufrieden war Ihr subjektives Bauchgefühl nach der Verhandlung?				
Wie stark haben Sie Ihre Interessen und Erwartungen eingebracht?				
Wie selbstsicher haben Sie sich empfunden?				
Wie positiv sind Sie selbst in die Verhandlung gegangen?				
Wie gut (aufmerksam) hat Ihnen Ihr Verhandlungspartner zugehört?				
Wie gut konnten Sie mit Einwänden des Verhandlungspartners umgehen?				
Wie gut konnten Sie mit Kritik des Verhandlungspartners umgehen?				

Frage	sehr gut oder sehr stark	gut oder stark	weniger gut, weniger stark	schlecht oder schwach
Wie überzeugend konnten Sie Ihre Vorteile (Verkaufsargumente) verargumentieren?				
Wie sicher fühlen Sie sich bei Vertragsabschlüssen?				
Wie stark haben Sie den Verhandlungspartner akzeptiert und wertgeschätzt?				
Wie stark fühlten Sie sich von dem Verhandlungspartner wertgeschätzt?				
Wie stark haben Sie Ihre Anliegen und Interessen eingebracht?				
Haben Sie Ihre gewünschten Preise erhalten?				
Wie weit haben Sie den Verhandlungspartner überzeugen können?				
Wie sehr haben Sie bewusst die nonverbale Kommunikation des Verhandlungspartners wahrgenommen?				
Wie sehr haben Sie selbst nonverbale Kommunikation bewusst eingesetzt?				
Wie gut können Sie sich mit den Ergebnissen der Verhandlungen identifizieren?				
Wie sehr werden die Konsequenzen aus den Verhandlungen für Sie einen Gewinn darstellen?				

Auflösung

Stehen insgesamt weniger als fünf Kreuze bei den rechten beiden Spalten „weniger stark“ und „schwach“, haben Sie grundsätzlich eine gute Voraussetzung für „Verhandlungssituationen“ und sollten diese ausbauen und gezielt nutzen.
Haben Sie insgesamt fünf oder mehr als fünf Kreuze bei den rechten beiden Spalten „weniger stark“ und „schwach“, sollten Sie grundsätzlich an Ihrer Kommunikation arbeiten, damit Sie Verhandlungen effizienter führen können.

In diesem Buch finden Sie für beide Fälle Handlungsempfehlungen und Tipps.

Die richtige Vorbereitung

Jeder kennt diese Situation: Es fehlt die Zeit, sich angemessen auf das Verhandlungsgespräch vorzubereiten, und kaum verlässt man dann den Besprechungsraum, fallen einem die passenden Argumente ein, die in der Besprechung einfach nicht in den Sinn kommen wollten.

Gute Vorbereitung ist das A und O

Eine passende Vorgehensweise, die richtigen Argumente und gute Fragen lassen sich vorbereiten. Das verschafft Souveränität und die Möglichkeit, sehr viel entspannter in der Verhandlungssituation zu reagieren.

Wenn Sie Ihre Interessen, Ziele und auch Grenzen kennen und sich in die Denkweise und Verhandlungsstrategie Ihres Gegenübers hineinversetzen können, haben Sie schon die richtigen Weichen für einen erfolgreichen Verhandlungsverlauf gestellt. Überprüfen Sie doch anhand der folgenden Statements, welcher Vorbereitungstyp Sie sind.

Welcher Vorbereitungstyp sind Sie?	ja	nein
Am liebsten entscheide ich spontan, wie ich vorgehen möchte. Ich bereite nichts groß vor und lasse alles auf mich zukommen. (Spontane)		✓
Ich muss erst einmal ein Gefühl für mein Gegenüber und seine Denkweise entwickeln, bevor ich mein Vorgehen festlegen kann. (Intuitive)		
Auf dem Weg in den Besprechungsraum führe ich mir noch mal meine Argumente, Ziele und die Vorgeschichte vor Augen. (Spontane)		
Ich suche alle Informationen und Fakten zusammen, notiere mir die wichtigsten Daten und nehme den bisherigen Schriftverkehr mit in die Verhandlung. (Faktenorientierte)		
Ich notiere mir kurz gute Argumente und Fragen, die ich auf jeden Fall einbringen will. Ansonsten lasse ich mich von der Gesprächssituation leiten. (Intuitive)		

Welcher Vorbereitungstyp sind Sie?	ja	nein
Ich entwickle eine richtige Gesprächsdramaturgie und versuche schon vorab auf alle möglichen Einwände und Gegenargumente die passende Antwort parat zu haben. (Faktenorientierte)		

Vorbereitungstypen

Der Spontane

Spontan Lösungen finden

Alles auf sich zukommen lassen, schnell aus dem Bauch heraus handeln und spontan in der Verhandlungssituation Lösungen entwickeln. Diese Vorgehensweise zeugt von großem Kooperationswillen, hoher Eloquenz und Flexibilität. Aber was passiert, wenn auf einmal Fakten auf den Tisch kommen, die Ihnen vollkommen fremd sind? Oder Entscheidungen von Ihnen verlangt werden, deren Auswirkungen Sie in der Besprechungssituation nicht überschauen können?

Der Intuitive

Wie erleben Sie Ihren Verhandlungspartner?

Sie möchten erst einmal wissen, mit wem Sie es zu tun haben, bevor Sie Ihre Verhandlungsstrategie festlegen. Für Sie ist es wichtig, ein Gefühl für den Gesprächspartner und seine Verhaltensmuster zu entwickeln. Danach richten Sie auch Ihre Vorgehensweise aus. Aber kennen Sie auch Ihre persönlichen Verhandlungsgrenzen? Wissen Sie, was aus Ihrer Sicht nicht passieren darf oder welche Ergebnisse inakzeptabel wären?

Der Faktenorientierte

Nichts unvorbereitet lassen

Sattelfest in allen Fakten und im bisherigen Themenverlauf zu sein ist Ihnen ausgesprochen wichtig. In der Verhandlungssituation haben Sie immer die wichtigsten Daten und Fakten parat und können diese souverän als Argumente ins Feld führen. Damit haben Sie schon so manchen Verhandlungspartner verblüfft. Für Ihre Vorbereitung ist es wichtig, die psychologischen Faktoren angemessen zu berücksichtigen und sich einmal in die subjektive Realität Ihres Verhandlungspartners zu versetzen. Verhandlungen finden ja nicht nur auf der Sachebene, sondern auch auf der Beziehungsebene zwischen den Verhandlungspartnern statt.

Optimale Vorbereitung ist für den Erfolg zwingend

Die folgenden Übungen geben Ihnen einen Überblick über die wichtigsten Faktoren für Verhandlungsvorbereitung. Sie erhalten Handwerkszeug, um sich umfassend auf Ihre Verhandlungssituationen einzustellen. Dazu gehören eine klare Zielvorstellung, eine klare Vorstellung Ihres Verhandlungspartners sowie eine sichere Verhandlungstaktik. Je besser Ihre Vorbereitung, desto sicherer können Sie schwierige Verhandlungssituationen meistern. Je mehr Übung Sie in Verhandlungen haben, desto geringer wird Ihre Vorbereitungszeit sein. Weil Sie Dinge, wenn Sie sie häufiger bewusst absolvieren, im Lauf der Zeit durch die Übung irgendwann unbewusst tun.
Das ist wie beim Autofahren. Autofahrer werden, wenn sie links überholen, den Schulterblick nach hinten innerhalb kurzer Zeit unbewusst in ihren Überholvorgang integriert haben. Voraussetzung ist allerdings, dies erst bewusst zu tun und es dann in regelmäßigen Abständen zu wiederholen. Erst dann werden Sie den Vorgang automatisch unbewusst steuern.

Training 1: Wie haben Sie sich bislang auf eine Verhandlung vorbereitet?

15 Min.

Sie möchten sich für die nächsten Verhandlungsgespräche optimal vorbereiten. Deshalb ist es ganz hilfreich, wenn Sie sich einmal überlegen, wie Ihre bisherige Vorbereitungsstrategie aussah. Worin lagen die Stärken, worin die Schwächen?

Lösung 1: Wie haben Sie sich bislang auf eine Verhandlung vorbereitet?

Folgende Stärken und Schwächen werden Ihnen möglicherweise eingefallen sein:

Meine Verhandlungsstärken/-schwächen	ja	nein
Habe ich mir Zeit für die Vorbereitung genommen?		✓
Habe ich mir meine Ziele bewusst gemacht?		
Habe ich meine Aufmerksamkeit nur auf meine eigenen Ziele gelenkt, oder habe ich mir auch die Situation meines Verhandlungspartners vergegenwärtigt?		
Hatte ich eine Verhandlungsstrategie?		
Habe ich mir Gedanken über den Verhandlungsort gemacht?		
Hatte ich mir Zeit für den Umgang mit möglichen Widerständen genommen?		

Wenn Sie diese Impulsfragen alle mit Ja beantwortet haben: Bravo, sehen Sie die nächsten Übungen als wichtiges Handwerkszeug, um Ihre Techniken kontinuierlich zu überprüfen und zu optimieren.
Sollten Sie zwei oder mehrere Punkte mit Nein beantwortet haben: Sehen Sie die nächsten Übungen als Notwendigkeit. Wenn Sie Verhandlungen sicher führen wollen, ist eine Vorbereitung unabdingbar.

So lernen Sie Ihre eigenen Verhandlungsziele kennen und bewerten

Abteilungsleitertreffen

Kennen Sie folgende Situation: Fünf Abteilungsleiter sitzen am Tisch. Es geht darum, das vorgegebene Budget gerecht auf die

Kostenstellen zu verteilen. Erst einmal wird munter drauflosgeredet. So sehen Verhandlungen ohne Struktur aus, die häufig sehr lange andauern und zu keinem Ergebnis führen.

Ein wesentlicher Schritt zu Beginn der Verhandlung ist, die eigene Position zu klären. Hierzu gehört natürlich vorab eine klare Vorstellung der eigenen Position und der eigenen Ziele. Was ist eigentlich Ihre Zielsetzung? Was möchten Sie in dieser Verhandlungssituation erreichen? Möglichst viel oder alles ist da häufig die erste spontane Reaktion. Eine gute Lösung könnte der nächste Gedanke sein. Aber was genau ist denn eigentlich eine gute Lösung? Woran erkennen Sie, dass Sie sie auch erreicht haben? Die Klarheit über die eigenen Motive und Ziele sorgt dafür, dass Sie sich in der akuten Verhandlungssituation nicht überwältigen lassen. Wichtige von weniger essenziellen Zielen unterscheiden zu können, gibt Ihnen die Möglichkeit, im Gespräch eine größere Flexibilität zu zeigen und auch mal großzügig nachgeben zu können.

Wo stehe ich? Was will ich?

Die meisten Menschen sind bereit, etwas zu geben, wenn sie auf der anderen Seite das Gefühl haben, dafür etwas zu bekommen oder behalten zu dürfen. Um einen solchen Handel eingehen zu können, müssen Sie Ihre Verhandlungsoptionen kennen und Ihre minimalen wie maximalen Ziele definieren. Folgende vier Fragen helfen dabei, diese Ziele zu definieren:

- Was ist das Mindeste, worauf Sie sich einlassen können?
- Was ist das Äußerste, das Sie verlangen können, ohne maßlos zu wirken?
- Worauf könnten Sie maximal verzichten?
- Was ist das Mindeste, das Sie anbieten könnten, ohne vollkommen unflexibel zu erscheinen?

Mit diesen Fragen stecken Sie Ihre Position ab

Was ist das Mindeste, worauf Sie sich einlassen können?

Hier müssen Sie Ihr minimales Ziel festlegen. Dieses Ziel muss auf jeden Fall eingehalten werden und stellt die absolute Untergrenze Ihrer Verhandlungsbereitschaft dar. Kann dieses Ziel nicht erreicht werden, müssen Sie die Verhandlung abbrechen, da keine ausreichende Grundlage für ein Gespräch vorhanden

Das Minimalziel definieren

ist. Dieses Mindestziel stellt auch die Grundlage für alle denkbaren Alternativlösungen dar. Es definiert Ihren Verhandlungsspielraum. Mindestens das muss gegeben sein.

Mögliche Minimalziele

- Ihre Position und Argumente werden von allen Beteiligten verstanden und als relevante Grundlage für die weitere Verhandlung anerkannt.
- Der Zeitraum der Verhandlung und die Verhandlungsdauer sind klar definiert und für alle Beteiligten verbindlich festgelegt.
- Ihr Budget für das kommende Jahr wird unverändert weitergeführt.

Was ist das Äußerste, das Sie verlangen können, ohne maßlos zu wirken?

Das wollen Sie maximal erreichen

Auch für Ihren Gesprächspartner gilt: Wahrscheinlich hat er ein Minimalziel, von dem er nicht abrücken wird. Daher müssen Sie einschätzen können, welche maximale Forderung Sie in der Verhandlung stellen können. Welche Forderungen sind noch realistisch? Was kann Ihr Gesprächspartner noch verkraften, an welcher Stelle wird er ansonsten aussteigen? Welches maximale Verhandlungsziel streben Sie an, ohne die Geschäftsbeziehung mit Ihrem Verhandlungspartner zu gefährden?

Mögliche Maximalforderungen

- Ihr Budget wird um einen Anteil von x Prozent erhöht.
- Drei Ihrer wichtigsten strategischen Maßnahmen für das nächste Jahr werden finanziell unterstützt.

Worauf könnten Sie maximal verzichten?

Abstriche machen

Wenn in der Verhandlung nur der kleinste gemeinsame Nenner möglich ist, welche Ziele können Sie dann zur Disposition stellen? Hier geht es um Teilziele, die Sie gegebenenfalls aufgeben würden, ohne Ihr Minimalziel zu gefährden. Je mehr Elemente in die Verhandlung eingeführt werden, desto größer ist die Verhandlungsspanne für beide Seiten. Deshalb ist es wichtig, sich die Frage zu stellen: Was haben Sie, das Sie weggeben könnten? Was ist das Maximum, das Sie weggeben können oder wollen im Austausch gegen das, was Sie erreichen möchten?

Möglicher maximaler Verzicht

Sie verzichten auf eine Budgeterhöhung im Vergleich zum Vorjahr.

Was ist das Mindeste, das Sie anbieten könnten, ohne vollkommen unflexibel zu erscheinen?

Darunter geht's nicht

Selbst in einer sehr starken Verhandlungsposition können Sie die Fronten unnötig verhärten, wenn Sie überhaupt keine Zugeständnisse machen. Daher ist es wichtig, auch die Mindestangebote an Ihre Verhandlungspartner zu definieren. Und Sie müssen sich auch darüber im Klaren sein, welche Angebote für Ihre Verhandlungspartner eine attraktive Lösung darstellen.

Ihr Minimalangebot

Ihr Minimalangebot könnte sein, Ihre Budgeterhöhung von 20 Prozent auf 15 Prozent zu reduzieren.

Training 2: Ziele definieren

10 Min.

Erinnern Sie sich an das Beispiel des Abteilungsleitertreffens (S. 20)? Stellen Sie sich vor, Sie sind einer der Teilnehmenden. Bereiten Sie sich auf diese Verhandlung mit der Minimal-Maximal-Strategie vor. Definieren Sie Ihre Ziele anhand der vier Fragen:

- Was ist das Mindeste, worauf Sie sich einlassen können?
- Was ist das Äußerste, das Sie verlangen können, ohne maßlos zu wirken?
- Worauf könnten Sie maximal verzichten?
- Was ist das Mindeste, das Sie anbieten könnten, ohne vollkommen unflexibel zu erscheinen?

Priorisieren Sie Ihre Minimal- und Maximalziele und Angebote. Was ist absolut unverzichtbar?

Lösung 2: Ziele definieren

Möglicherweise haben Sie sich folgende Ziele für das Gespräch überlegt:

- Mein Minimalziel: mindestens das Budget vom letzten Jahr erhalten (stabilisierendes Ziel)
- Mein Maximalziel: maximal 20 Prozent Budgetzuwachs erhalten
- Hierauf könnte ich verzichten: neues Personal einstellen
- Mein Mindestangebot: kein Rückschritt in den strategisch wichtigen Investitionsfeldern

Inzwischen haben Sie in Ihrer Vorbereitung alle wichtigen Meilensteine erreicht:

- Sie kennen Ihre Minimalforderung,
- Sie kennen Ihr Maximalziel,
- Sie haben sich einen Einblick in die Motivationslage Ihres Verhandlungspartners verschafft.

Nun können Sie die Eckpunkte Ihrer Verhandlungsstrategie festlegen. Ihr Minimal- bzw. Maximalziel setzt dabei den Rahmen. Jetzt geht es darum, wie Sie am besten in das Gespräch einsteigen. Überlegen Sie, welche Argumente Sie ins Feld führen, um Ihre Zielsetzung zu untermauern. Hier hilft vor allem, neben Ihrem Maximalziel auch die relevanten Argumente zu definieren. Warum sollte Ihr Gesprächspartner Ihre Forderung akzeptieren? Welchen Nutzen hätte dies für ihn? Mit welcher Begründung wollen Sie dies einfordern? Gut vorbereitete Argumente lassen sich in der Verhandlungssituation einfacher vertreten. Besonders wenn der Sachverhalt sehr komplex ist und viele verschiedene Faktoren berücksichtigt werden müssen, lohnt es sich, vorab schon einmal die Kernargumente definiert zu haben.

Grundlagen für die schnelle Vorbereitung

Manchmal bleibt keine Zeit, sich ausführlich und systematisch auf die Verhandlung vorzubereiten. Dann hilft es Ihnen, wenn Sie sich eine Liste erstellen, die Sie immer wieder als Grundlage für die Vorbereitung weiterer Verhandlungen verwenden können.

Vorbereitungsliste	
Mein Maximalziel:	
Drei Argumente für dieses Maximalziel:	– ... – ...
Mein Minimalziel:	
Die wichtigsten relevanten Fakten für die Verhandlung:	– ... – ...
Die drei wichtigsten Eckpunkte aus Sicht meines Verhandlungspartners:	– ... – ...
Seine bisherigen Kernargumente und Verhandlungsangebote:	– ... – ...
Das mögliche Maximalziel meines Verhandlungspartners:	
Das mögliche Minimalziel meines Verhandlungspartners:	
Was innerhalb des Verhandlungsgesprächs keinesfalls passieren sollte:	– ... – ...

Die Ziele und Interessen Ihres Verhandlungspartners

Den Verhandlungspartner einschätzen

Bei Verhandlungen ist es wichtig zu wissen, mit wem man es auf der anderen Seite eigentlich zu tun hat. Welche Motivationen, Absichten und Verhaltensweisen prägen Ihren Verhandlungspartner, und was möchte er für sich erreichen? Schon bei der Entwicklung der Minimal-Maximal-Strategie sind Ihnen diese Fragen wahrscheinlich durch den Kopf gegangen. Denn nur so lässt sich beurteilen, ob Verhandlungsangebote auch die notwendige Relevanz haben, um Ihren Gesprächspartner zu Zugeständnissen zu bewegen. Jetzt ist es an der Zeit, die Perspektive zu wechseln und das Verhandlungsthema aus Sicht der Gegenseite zu betrachten. Drei Faktoren helfen dabei:

- Die Betrachtung des Kontexts
- Die Einschätzung des Verhandlungspartners
- Die Betrachtung der Rahmenbedingungen

Betrachtung des Kontexts

Was wissen Sie bereits?

Das Verhandlungsthema ist wahrscheinlich nicht gerade vom Himmel gefallen. Meistens gibt es eine Vorgeschichte, vielleicht sogar einige ergebnislose Verhandlungsrunden mit anderen Gesprächspartnern. Oder Erfahrungen aus anderen Verhandlungen in ähnlichen Konstellationen. Nehmen Sie sich daher Zeit, die Vergangenheit des Verhandlungsthemas und der bisherigen Verhandlungserfahrungen mit diesem Gesprächspartner genauer zu betrachten:

- Seit wann ist das Thema schon in der Verhandlung?
- Was war der Anlass für die Verhandlung?
- Was wurde schon versucht, um eine Einigung zu finden?
- Wer hat an den bisherigen Verhandlungen mitgewirkt? Und welche (Teil-)Ergebnisse wurden erzielt?
- Kennen Sie Ihren Verhandlungspartner, und welche Erfahrungen haben Sie mit ihm in der Vergangenheit gemacht? Wie würde er seine Erfahrungen mit Ihnen einschätzen?
- Was können Sie abschließend aus der Vergangenheit lernen, das Ihre nächste Verhandlungssituation prägen könnte?

Einschätzung Ihres Verhandlungspartners

Wer sitzt Ihnen gegenüber?

Hier geht es darum, herauszufinden, mit wem Sie es eigentlich zu tun haben, also wie Sie Ihr Gegenüber einschätzen können. In der Vorbereitung sind es zwei Faktoren, die Sie hier berücksichtigen sollten:

- Die Sachkenntnisse Ihres Gegenübers
- Seine Position und Rolle

Sachkenntnisse Ihres Verhandlungspartners

Wie tief steckt Ihr Verhandlungspartner eigentlich im Thema? Benötigt er noch Informationen und Grundlagen, um die Situation überhaupt einschätzen zu können? Kann er die Konsequenzen der möglichen Verhandlungsoptionen angemessen einschätzen und bewerten? Verhandlungen können sich immer dann als sehr zäh erweisen, wenn der Verhandlungspartner wenige Kenntnisse über den Verhandlungsgegenstand besitzt. Wenn Sie nicht abschätzen können, welche Konsequenzen Ihre

Entscheidung nach sich ziehen wird, so werden Sie sehr risikoscheu reagieren und viele mögliche Lösungsoptionen erst einmal ablehnen.

Optimale Ausgangslage für beide Verhandlungspartner

Sorgen Sie dafür, dass Ihr Verhandlungspartner vor dem Start in die Verhandlung optimal informiert ist und ausreichend Sachkenntnisse besitzt. Oder dringen Sie darauf, dass er von einem Fachmann, der sich im Thema auskennt, begleitet wird.

Position und Rolle des Verhandlungspartners

Zum Scheitern verurteilt

Stellen Sie sich vor, Sie sind Unternehmensberater. Sie werden von einem fremden Unternehmen gebeten, zu einem Angebot für eine Prozessbegleitung mit dem Projektleiter des Unternehmens zu verhandeln.

Nach zweistündiger Verhandlung über Ihre Einsatzfelder scheint es so, als hätten Sie Ihren Auftrag in der Tasche. Sie haben ausführlich darüber diskutiert, welche Maßnahmen bisher erfolgreich oder erfolglos waren. Sie haben darüber gesprochen, an welchen Kriterien Ihr Erfolg gemessen wird. Sie haben über die Ziele des Projektleiters gesprochen. Sie haben eine detaillierte Vorstellung über mögliche Lösungswege und ein sehr gutes Bauchgefühl. Bald soll es zur Umsetzung kommen.

Nur leider wird es niemals dazu kommen. Sie haben nämlich eine entscheidende Sache übersehen: Der Projektleiter hat gar keine Entscheidungsbefugnis. Über die Auftragsvergabe mit größerem Volumen muss die Geschäftsführung entscheiden.

Der Geschäftsführer selbst befindet sich gerade in einem Changemanagement-Prozess und wird keinesfalls einen weiteren Berater zulassen. Seine Begründung: „Zu viele Köche verderben den Brei."

An diesem Beispiel sehen Sie, dass Sie den richtigen Verhandlungspartner am Tisch haben müssen, um zu einer Lösung zu gelangen. Er muss in der Lage sein, das Verhandlungsergebnis zu verantworten und für die Umsetzung der Lösung einzutreten. In der Vorbereitung sollten Sie daher genau prüfen:

- Welche Rolle und welche Position hat Ihr Verhandlungspartner?
- Hat er die Mittel und die Macht zur Verfügung, den gefundenen Lösungsweg auch umzusetzen?
- Oder muss er erst eine Entscheidung Dritter abwarten?

Betrachtung der Rahmenbedingungen

Was muss noch beachtet werden?

Die Rahmenbedingungen einer Verhandlung sollten ebenfalls in die Vorüberlegungen einbezogen werden:

Fachmann oder Laie?

- Welchen Bezug zum Thema hat Ihr Verhandlungspartner? Hier geht es darum, einzuschätzen, welche Relevanz das Thema für Ihren Verhandlungspartner hat. Ist er ein Experte für dieses Thema? Kennt er sich fachlich aus? Oder ist er fachfremd und benötigt gegebenenfalls weitere Informationen und Erklärungen, um das Thema angemessen nachzuvollziehen? Gerade Verhandlungspartner, die sich selbst als Experten für das zur Verhandlung stehende Thema sehen, werden fachlich nicht fundierte Argumente schnell aushebeln oder versuchen, durch eine Überbetonung der fachlichen Details ihre Argumente zu stärken.

Frühere Begegnungen

- Welche Erfahrungen haben Sie schon in anderen Verhandlungen mit ihm sammeln können? Haben Sie bereits gemeinsame Vorerfahrungen? Wie hat er sich dort verhalten? Diese Informationen können Ihnen helfen, den Standpunkt des Verhandlungspartners besser einzuschätzen. Sie können Ihre Verhandlung stark beeinflussen, daher sollten Sie Gefahren und Chancen bewerten und in Ihre Vorbereitung einbeziehen.

Entscheidungsbefugnis

- Was wissen Sie über seine interne Position und Kompetenz, Entscheidungen zu treffen? Das Beispiel auf Seite 27 hat verdeutlicht, wie wichtig es ist, darüber Bescheid zu wissen.

Motivation

- Welches Interesse hat er an einer Lösung des Themas? Ist es gering, wird er nur wenig Energie, Engagement und Kompromissbereitschaft zeigen. Ist das Interesse groß, wird auch seine Bereitschaft, mit Ihnen gemeinsam eine Lösung zu finden, hoch sein. Versetzen Sie sich daher in die Lage

Ihres Verhandlungspartners, und fragen Sie sich: „Was passiert, wenn nichts passiert?“

- Was wird seine Minimalforderung sein?
  Hier geht es darum, den Forderungsrahmen abzustecken. Wenn Sie von vornherein mit Ihrem Angebot den Minimalrahmen unterschreiten, können Sie damit rechnen, dass sich die Fronten unangemessen verhärten. Ihr Angebot könnte fast als Beleidigung angesehen werden. Schätzen Sie daher realistisch ein, was Ihr Verhandlungspartner auf jeden Fall verlangen wird und wie Ihre Reaktion darauf sein wird.

  Seine Mindestvorstellung

- Auch zur Maximalforderung Ihres Verhandlungspartners sollten Siesich im Voraus Gedanken machen. Was meint er bestenfalls herausholen zu können? Wie wäre Ihre Reaktion auf diese Forderung? Wie stark schätzt Ihr Gegenüber seine Position ein, und wie überzeugt ist er, dass er auch in der Lage ist, diese durchzusetzen? Wann könnte er es sich erlauben, aus der Verhandlung auszusteigen?

  Seine Maximalvorstellung

- An welcher Stelle würde er auf jeden Fall aus der Verhandlung aussteigen? Was dürfte aus seiner Sicht keinesfalls passieren?
- Außerdem ist es wichtig, die Grenzen des Verhandlungspartners zu kennen. Welches Verhalten, welches Angebot oder welches Vorgehen würde er keinesfalls tolerieren?

  Grenzen

Training 3: Ihr Verhandlungspartner

10 Min.

Stellen Sie sich vor, Sie sind Mitarbeiter im Bereich Einkauf. Zum Jahresbeginn möchten Sie mit Ihrem Vorgesetzten darüber sprechen, ein neues Aufgabenfeld und somit einen größeren Verantwortungsbereich zu übernehmen.

Welche Rahmenbedingungen müssen Sie in der Vorbereitung berücksichtigen?

Lösung 3: Ihr Verhandlungspartner

Diese Rahmenbedingungen müssen Sie beachten:

- Welchen Bezug hat Ihr Verhandlungspartner zum Thema? Wenn Ihr Chef sich eher wenig mit dem Tagesgeschäft beschäftigt und den Bereich nicht detailliert kennt, sollten Sie zu Beginn der Verhandlung nochmals die sachlichen Voraussetzungen schildern.
- Welche Erfahrungen haben Sie schon mit Ihrem Chef gemacht, wenn es um Veränderungswünsche geht? Wenn Ihr Chef zu den Bewahrern gehört und nicht gern etwas ändert, sollten Sie besonders gute Nutzenargumente finden, die aus der Perspektive Ihres Chefs eine Veränderung wünschenswert machen.

Vertrauen des Chefs gewinnen

- Welche persönlichen Erfahrungen verbinden Sie mit Ihrem Chef? Wenn Sie bisher keine gute Vertrauensgrundlage zu Ihrem Chef hatten, sollten Sie bedenken, dass er hinter Ihrem Veränderungswunsch unausgesprochene Motive vermuten könnte: Räumen Sie diese Befürchtungen aus!
- Was wissen Sie über die interne Machtposition Ihres Chefs? Ist es bei Ihnen üblich, dass Personalentscheidungen direkt und ohne Einbeziehung der nächsten Hierarchieebene getroffen werden müssen? Wenn Ihr Chef eine weitere Hierarchieebene in die Entscheidung einbeziehen muss, sollten Sie mit ihm abstimmen, wie die nächsten Schritte aussehen werden.

Nutzen der Lösung überprüfen

- Welches Interesse hat Ihr Chef an der Lösung des Themas? Welchen Nutzen hat es für ihn, wenn er Ihren Wünschen folgt? Welche negativen Konsequenzen könnte er befürchten? Wenn die Veränderung für Ihren Chef eher Nachteile als Vorteile beinhaltet, sollten Sie alternative Lösungen oder Teilschritte zur Lösung erarbeiten. Legen Sie dann Ihre Minimalforderung sorgfältig fest.
- Zum Schluss sollten Sie sich überlegen, mit welcher Lösung Ihr Chef in keinem Fall einverstanden sein würde. Das bewahrt Sie von vornherein davor, unrealistische Vorschläge zu machen.

So klären Sie Ihre Position

Für jede Verhandlung, die Sie führen, sollten Sie sich vorab ein Zeitfenster einplanen, in dem Sie Ihre Position klären. In jeder Verhandlung stellen sich für Sie vier Herausforderungen gleichzeitig. Diese Herausforderungen möchte ich anhand eines Kommunikationsquadrats erläutern. Das Kommunikationsquadrat des Hamburger Psychologen Friedemann Schulz von Thun ist eines der bekanntesten Kommunikationsmodelle. Bekannt geworden ist dieses Modell auch als „Vier-Ohren-Modell", das die folgenden vier Seiten beinhaltet:

Das „Vier-Ohren-Modell"

- Die Sachinhaltsseite
- Die Selbstkundgabeseite
- Die Beziehungsseite
- Die Appellseite

Diese vier Seiten sollen bei der Gesprächsverhandlung im Vorweg geklärt werden. Im Folgenden wenden wir uns den vier Seiten etwas detaillierter zu:

Sachinhaltsseite

Worum geht es?

Der Sachinhalt ist das Offensichtlichste in einer Verhandlung. Dabei geht es um Fragen des inhaltlichen Standpunkts, der logischen Argumentation oder der schlüssigen Beweisführung. Besonders in Verhandlungen ist es wichtig, dass man seine Beanstandung auf der Grundlage von Fakten und sachlichen Argumenten vorträgt. Im Vordergrund stehen also Fragen wie:

- Welche Themen will ich ansprechen?
- Welche Dimensionen, Erscheinungsformen, Konsequenzen hat das Thema beziehungsweise das Problem?
- Welche sind meine Begründungen/Argumente?

Haben Sie diese inhaltliche Seite für sich abgeklärt, so haben Sie zumindest einen Teil Ihrer Hausaufgaben erledigt. Entscheidend für den Erfolg Ihrer Verhandlungen sind allerdings meist nicht die inhaltlichen Aspekte. Von mindestens gleich großer Bedeutung sind zudem ganz andere Seiten.

Selbstkundgabeseite

Was wollen Sie von sich preisgeben?

Sicherlich kennen Sie den Satz: „Willst du ein guter Verhandlungspartner sein, dann schau auch in dich selbst hinein!" Auf der Selbstkundgabeseite geht es um die Fragen:

- Was möchte ich von mir zeigen?
- Welche Erwartungen habe ich an die Verhandlung beziehungsweise meinen Verhandlungspartner?
- Welche Inhalte bedeuten mir etwas, und was bedeuten sie mir?
- Wie geht es mir damit? Bin ich irritiert, stocksauer, gekränkt oder verletzt, unsicher, empört etc.?
- Welcher Anteil meiner Reaktion auf mein Gegenüber hat hauptsächlich mit eigenen Projektionen, Übertragungen, Überempfindlichkeiten etc. zu tun?

Besonders bei schwierigen Verhandlungen, in denen Sie persönlich betroffen sind (Konflikte), sollten Sie vorher klären:

- Wozu bin ich bereit, um die Verhandlung friedlich zu regeln?
- Wie weit will ich dem anderen entgegenkommen?
- Welche Erwartungen habe ich, und wie formuliere ich diese?

Experten-Tipp

Gehen Sie von sich aus

Mit Ich-Botschaften („Ich erwarte von Ihnen ...", „Mir geht es gegen den Strich, wenn Sie ...") geben Sie Ihre persönlichen Haltungen und Wertvorstellungen preis. Sie zeigen etwas von sich, machen sich dadurch greifbar, aber auch angreifbar. Allerdings liegt ein Kooperationsangebot im Vertrauensvorschuss.

Beziehungsseite

Wie stehen Sie zu Ihrem Verhandlungspartner?

Hier geht es um den Kontakt zum Verhandlungspartner:

- Welche Beziehung möchte ich aufbauen?
- Wie kann ich eine gute Gesprächsatmosphäre ermöglichen, in der ich auch bei Kritik den anderen nicht unnötig kränke?

Auf dieser Seite signalisieren Sie, welche Beziehung Sie mit dem Verhandlungspartner eingehen. Besonders in schwierigen Verhandlungen liegt der Gesprächspartner immer auf der Lauer nach Beziehungsbotschaften. „Willst du ein guter Verhandlungspartner sein, dann lass dich auf den anderen ein!" ist hier das Motto. Sie erreichen keinen guten Verhandlungsabschluss, wenn Sie die Beziehungsseite außer Acht lassen. Fühlt sich der Verhandlungspartner nicht wertgeschätzt, wird er Ihnen ungern entgegenkommen. Stehen Sie nicht dem kooperativen Beziehungsangebot, sondern Ihrem Partner feindlich gegenüber, wird es ebenfalls kaum zu einem fairen Kompromiss kommen. Hilfreiche Fragen zum Beziehungsaspekt in der Vorbereitung sind:

Beziehung zum Gesprächspartner überprüfen

- Wie sehe ich meinen Gesprächspartner?
- Wie stehe ich zu ihm? Wie sehe ich unsere Beziehung?
- Um welche Themen geht es in unserer Beziehung zurzeit?
- Was handeln wir gerade aus: Überlegenheit, Macht, Rache, Rollenkonflikt etc.?
- Welche offenen/verdeckten Regeln, „Verträge" oder Abmachungen entdecke ich in unserer Beziehung?
- Welche Interessen und Bedürfnisse könnte ich beim anderen bedrohen?

Im Konfliktfall kann man sich außerdem noch fragen:

Das eigene Verhalten reflektieren

- Was ist meine Hauptbeschwerde gegenüber dem Konfliktpartner?
- Gebe ich ihm eine Chance, sich friedlich mit mir zu einigen?
- Kann ich mich für ihn und seine Sichtweise interessieren, oder steht meine Meinung über ihn schon fest?
- Setze ich ihn unter Druck (vielleicht mit meinen Erwartungen), will ich das, und kann ich dazu stehen?

Training 4: Wie schaffen Sie eine gute Grundstimmung?

10 Min.

Was könnten Sie tun, um im Vorfeld einer Verhandlung zu Ihrem Gesprächspartner eine Beziehung aufzubauen? Überlegen Sie sich sieben Aspekte, durch die Sie eine kooperative Grundstimmung erreichen.

Lösung 4: Wie schaffen Sie eine gute Grundstimmung?

Wahrscheinlich haben Sie eine Menge an Ideen gesammelt. Hier finden Sie eine kleine Auswahl, was mir dazu eingefallen ist:

- Ich schicke meinem Verhandlungspartner eine nette Einladung.
- Ich lasse meinen Verhandlungspartner bestimmen, wo er sich mit mir treffen möchte.
- Ich organisiere Blumen, Kaffee und Kuchen.
- Ich begrüße meinen Verhandlungspartner herzlich mit Handschlag.
- Ich sage vorab, dass es mir um eine für beide Seiten zufriedenstellende Lösungsfindung geht.
- Ich betone mein Interesse an einer langfristig zufriedenstellenden Lösung.
- Ich zeige mein Interesse an meinem Verhandlungspartner durch Nachfragen.

Appellseite

Klare Zielvorstellung

Auch die Appellseite ist von großer Bedeutung. Überlegen Sie sich sehr genau, welches Ihr Verhandlungsziel ist. Setzen Sie hierfür ein Minimal- und ein Maximalziel.
Verlieren Sie dieses Ziel nicht aus den Augen. Es ist für Sie enorm wichtig und richtungweisend. Darauf arbeiten Sie in der Verhandlung hin. Mit dem Minimalziel machen Sie schon vor der Verhandlung klar, was Sie minimal bereit sind, aus der Verhandlung zu ziehen. Das Maximalziel gibt Ihnen die Richtung, was Sie darüber hinaus, wenn es möglich ist, erreichen können. Fragen zur Vorbereitung auf der Appellseite könnten sein:

- Wie lauten mein Minimal- und mein Maximalziel?
- Gibt es mehrere Ziele? Sind sie miteinander vereinbar?
- Welche Wünsche und Forderungen habe ich an den anderen (minimal – maximal)?
- Wie kann ich mich unmissverständlich ausdrücken, und wie kann ich feststellen, ob meine Wünsche richtig verstanden wurden?

Regeln für die Formulierung von Zielen

Experten-Tipp

- So präzise und konkret wie möglich!
- Es sollte ein Kriterium geben, anhand dessen Sie entscheiden können, ob Ihr Ziel erreicht ist.
- Es sollte einen klaren Zeitrahmen geben, innerhalb dessen das Ziel erreicht werden soll.

Training 5: Ihre Position im Vorfeld klären

10 Min.

Stellen Sie sich vor, Sie arbeiten in einer Speditionsfirma. Einer Ihrer Kunden beklagt sich zum wiederholten Mal wegen zu später Lieferung. Ihrer Meinung nach hat der Kunde selbst Schuld an der Verzögerung, da er kurzfristig Frachtänderungen erbeten hatte. Sie möchten den Kunden jedoch auf keinen Fall verlieren und sind bereit, Zugeständnisse zu machen. Bereiten Sie sich auf das Gespräch mit dem Kunden vor. Klären Sie vorab Ihre eigene Position.

Lösung 5: Ihre Position im Vorfeld klären

In erster Linie geht es darum, sich den Sachverhalt vor Augen zu führen: Sie werden beschuldigt, zu spät zu liefern, der Kunde dagegen ändert kurzfristig seine Frachtwünsche. Ich habe mir folgenden Lösungsansatz überlegt:

- Wozu bin ich bereit, um die Verhandlung friedlich zu regeln?
  „Ich bin bereit, einen Rabatt zu geben. Somit räume ich eine Teilschuld mit ein."
- Wie weit will ich dem anderen entgegenkommen?
  „Ich bin bereit, einen Rabatt von fünf Prozent zu gewähren."
- Welche Erwartungen habe ich, und wie formuliere ich diese?
  „Mir ist eine weitere Zusammenarbeit mit Ihnen sehr wichtig. Meine Erwartung an unsere Zusammenarbeit ist, dass Sie Änderungswünsche frühzeitig ankündigen, damit wir eine pünktliche Lieferung gewährleisten können."

Den Verhandlungspartner richtig einschätzen

Die eigentlichen Motive – menschliche Grundbedürfnisse

Hinter die Kulissen schauen

Dieses Kapitel gibt Ihnen Aufschluss darüber, was Verhandlungspartner auf der psychologischen Ebene aushandeln, also worum es in Verhandlungen eigentlich geht. Es geht nicht darum, den Verhandlungspartner zu vernichten. Und es geht nicht darum, auf sein Recht zu pochen, nur um Recht zu haben, es geht um weitaus mehr: um die Grundbedürfnisse der Menschen. Wenn Sie nach den Grundbedürfnissen fragen, finden Sie Antworten „hinter den Kulissen".

Menschen brauchen Anerkennung, Menschen brauchen Zuneigung, Mitgefühl, Anweisungen oder die Freiheit und Möglichkeit, agieren und führen zu können.

- In welcher Situation sind Sie am effektivsten?
- Wann haben Sie das Bedürfnis zuzuhören?
- Wann fragen Sie nach Rat, und wann wollen Sie gelobt werden?
- Was motiviert Sie?
- Was blockiert Sie?

Eigene Bedürfnisse erkennen

Aus diesen Fragen lassen sich Ihre eigenen Bedürfnisse ableiten. Die Grundbedürfnisse sind bei den meisten Menschen ähnlich: Wir leben in einem sozialen Umfeld und möchten in diesem anerkannt und respektiert sein. Dieses Umfeld bezieht sich auf die Familie, die Freizeit und natürlich auf Ihren Arbeitsplatz. In den meisten Hierarchien, auch wenn es flache Hierarchien sind, lassen sich die eigenen Bedürfnisse meist mit einbeziehen und umsetzen. Nur muss man seine eigenen Bedürfnisse kennen, die der Gruppe sehen und diese gemeinsam umsetzen können.

Die verschiedenen Bedürfnisse

Aufschluss über die Bedürfnisse des Menschen gibt uns die Bedürfnispyramide von Abraham H. Maslow. So stehen an unterster Stelle die körperlichen Bedürfnisse wie Essen, Trinken etc., darüber kommen die Sicherheitsbedürfnisse, unter denen Schutz vor Gefahr, vor Bedrohung, Verlust und dergleichen verstanden wird. Die nächste Ebene bilden die sozialen Bedürfnisse wie Zugehörigkeit, Zusammenschluss. Auf der darüberliegenden Ebene stehen die „Ich“-Bedürfnisse, also mein Selbstwertgefühl, meine Selbstachtung, Selbstvertrauen, Autonomie, Leistung, Wissen etc. An der Spitze der Pyramide stehen die Bedürfnisse der Selbstverwirklichung. Darunter werden das persönliche Potenzial, die Selbstentwicklung sowie die schöpferische Betätigung im weitesten Sinne verstanden. Maslow ist nun der Überzeugung, dass man erst dann, wenn die untersten Bedürfnisse gestillt sind, höhere Bedürfnisse verspürt. Entscheidend ist, dass sich die menschliche Psyche sehr eng an diese Stufen hält. Die Interessenentwicklung des Menschen erfolgt stufenweise. Sie kann aber auch rückwärts gehen, manchmal auch sehr schnell, wie Kriegs- und Katastrophenfälle drastisch zeigen. Hier stehen vorwiegend die körperlichen Bedürfnisse im Vordergrund, dann erst das Bedürfnis nach Schutz etc.

Die Grundlagen müssen stimmen

Die höheren Bedürfnisse innerhalb der Hierarchie werden erst dann wichtig beziehungsweise verhaltenswirksam, wenn die darunterliegenden Bedürfnisse befriedigt sind. Die physiologischen und Sicherheitsbedürfnisse (auf den untersten beiden Stufen der Bedürfnishierarchie) haben Priorität und höchste Motivationskraft, solange sie unbefriedigt bleiben. Die Bedürfnisse einer höheren Ebene können nicht motivieren, solange Bedürfnisse der unteren Schichten nicht angemessen befriedigt sind. Maslow glaubt, dass

- die Nichterfüllung von Defizit-Bedürfnissen Krankheit hervorruft,
- ihre Erfüllung Krankheit vermeidet,
- der Mensch ein Defizit subjektiv als bewusste oder unbewusste Sehnsucht und mit einem Gefühl des Mangels und der Entbehrung erlebt,

- bei einem gesunden Menschen Defizit-Bedürfnisse inaktiv, unwichtig oder sogar abwesend sind.

Maslows Theorie ist umstritten, bietet aber gute Anregungen, sich damit auseinander zu setzen, was für einen selbst wichtig und was unwichtig ist. Ein Hauptgegenargument gegen Maslow ist, dass auch die oberen Bedürfnisse bereits dann gespürt werden, wenn die unteren Bedürfnisse noch nicht gestillt sind. Beispiel: Das Bedürfnis nach Selbstwertgefühl kann durchaus gespürt werden, ohne dass das Bedürfnis nach Schutz vor Gefahr gestillt ist.

Motive erkennen hilft in Verhandlungen

Die Bandbreite der möglichen Bedürfnisse ist für uns in Verhandlungssituationen wichtig. Erfragen Sie die Motive Ihrer Verhandlungspartner. Was ist Ihren Verhandlungspartnern wirklich grundsätzlich wichtig? Worauf legen sie Wert?

Training 6: Was sind Ihre Grundbedürfnisse?

20 Min.

Überlegen Sie sich doch einmal, was Ihre Grundbedürfnisse im Arbeitskontext sind. Ergänzen Sie die untenstehende Liste, die Sie immer wieder hervorholen können.

Grundbedürfnisse im Arbeitskontext	
Grundbedürfnis	– ...
Sicherheitsbedürfnis	– ...
Soziale Bedürfnisse	– ...
Ich-Bedürfnisse, Bedürfnisse nach Anerkennung	– ...
Selbstverwirklichung	– ...

Lösung 6: Was sind Ihre Grundbedürfnisse?

Anbei finden Sie eine exemplarische Liste mit Bedürfnissen, denen Sie im Arbeitskontext begegnen.

Grundbedürfnisse im Arbeitskontext	
Grundbedürfnis	– Gehalt – Gestaltung des Arbeitsplatzes – Abschirmen von Belästigungen und Störungen – Verbilligte Einkaufs- und Wohnmöglichkeiten – Hilfe bei Wohnraumbeschaffung, ärztliche Betreuung – Urlaubsregelung – Erholungsmöglichkeiten
Sicherheitsbedürfnis	– Aufgabenbezogener Führungsstil – Vertrauen in die Organisation – Versicherung gegen Krankheit, Unfall, Invalidität, Alter – Sicherheit am Arbeitsplatz, der Stellung, Kompetenz – Ansehen auch im Alter
Soziale Bedürfnisse	– Kommunikation am Arbeitsplatz – Informelle Beziehungen zu Kollegen – Konferenzen, Problemlösungsgespräche – Betriebsausflüge, Kollegentreffen
Ich-Bedürfnisse, Bedürfnisse nach Anerkennung	– Aufstiegsmöglichkeiten – Übertragung von Kompetenzen – Verbale Anerkennung – Entsprechendes Gehalt – Statussymbole – Bedeutung des Firmenimages für einen selbst
Selbstverwirklichung	– Mitbestimmung bei der Arbeit – Problemlösungskonferenzen – Gleitende Arbeitszeiten – Abwechslungsreiche Tätigkeit – Betriebliche Fortbildung

Achten Sie auf die Körpersprache

Immer dann, wenn Menschen in direktem Kontakt miteinander reden, spricht der Körper mit. Jede leichte Plauderei, jedes ernste Zwiegespräch, überhaupt jede Äußerung enthält zusätzlich zur sprachlichen Nachricht verschiedene nonverbale Mitteilungen, die durch den Körperausdruck der Gesprächsteilnehmer übermittelt werden. Bewusst oder unbewusst nimmt Ihr Verhandlungspartner Ihre Körpersprache wahr.

To Do

Körpersprache lesen lernen

Wie gut können Sie Körpersprache lesen? Setzen Sie sich an einen öffentlichen Ort, an dem Sie sich wohl fühlen. Das kann in einem Café oder in einem Park sein, lassen Sie sich etwas einfallen. Es ist nur wichtig, dass auch andere Menschen an diesem Ort sind, denn diese sollen Sie beobachten. Suchen Sie sich einzelne Personen aus, und beobachten Sie genau deren Körperhaltung. Achten Sie auf alle Formen der nonverbalen Kommunikation (nutzen Sie die Liste auf Seite 42). Versuchen Sie, die Körpersprache bewusst zu lesen.

Elemente der Körpersprache

- Wie gehen die Personen, sind sie gehetzt oder eher lässig?
- Wie gestikulieren die Personen, wirken sie eher verschränkt oder locker?
- Wie wirkt der Kleidungsstil auf Sie?
- Erscheinen Ihnen die Personen eher zugeschnürt oder eher locker?
- Was lesen Sie aus der Körperhaltung?
- Wie interpretieren Sie Stimmen und Sprechgeschwindigkeit? Was löst es bei Ihnen aus?

Sie werden feststellen, dass Sie durch bewusstes Beobachten von Körpersprache eine sehr genaue Vorstellung davon bekommen, wie sich die Menschen fühlen.

Sie sollten allerdings die grundlegenden Ausdrucksformen der Körpersprache kennen. Lassen Sie mich die verschiedenen Möglichkeiten skizzieren, wie Sie Körpersprache betreiben:

Nonverbale Kommunikation

- **Mimik:** Alle Erscheinungen, die wir im Gesicht eines Menschen beobachten können, inklusive psychosomatischer Prozesse wie z. B. Erröten, Stirnrunzeln, Augenrollen etc.
- **Gestik:** Alle Gebärden der Arme, die „Sprache der Hände" sowie viele Handlungen wie z. B. das Ausdrücken einer Zigarette, Fingergebärden etc.
- **Körperhaltung:** Die Haltung, die ein Mensch gerade einnimmt, auch die Bewegungen, die die Körperhaltung verändern beziehungsweise beeinflussen, z. B. Verlagern des Körpergewichts durch Vor- oder Zurückbeugen, ein Wippen auf den Fußballen, das Überschlagen der Beine etc.

Auch die Kleidung verrät viel

- **Kleidung:** Die Art, wie Sie sich kleiden, ob sportlich oder elegant, ob sommerlich oder winterlich, ob topmodern oder eher altmodisch etc.; über Kleidung können Sie viel ausdrücken. In einer modernen jungen Agentur haben die Menschen sicherlich einen anderen Look als in einem konservativen Konzern.
- **Tonfall:** Alle Erscheinungen, die sich beim Sprechen manifestieren, wobei sich unsere Analyse nicht auf Sprechinhalte, sondern auf Tonfall, Sprachmelodie, Sprechpausen, Lautstärke, Sprechrhythmus usw. bezieht; auch Lautäußerungen ohne verbalen Inhalt wie z. B. mit der Zunge schnalzen, seufzen, lustvoll stöhnen etc.

Auf all diesen Ebenen können Sie kommunizieren, also Inhalte transportieren. Wieso also nicht diese Mittel gezielt einsetzen, um den Verhandlungspartner für sich zu gewinnen?

Experten-Tipp

Setzen Sie Ihre Körpersprache richtig ein

Achten Sie in Verhandlungssituationen darauf, dass Sie mit Ihrem Verhandlungspartner auf einer Augenhöhe sind. Neigen Sie sich ihm zu, wenn Sie auf ihn zugehen wollen. Achten Sie aber seine Intimsphäre.
Greifen Sie ihn nicht an, indem Sie mit dem Finger auf ihn zeigen.
Sprechen Sie ruhig und langsam, um sachlich zu bleiben.
Lächeln Sie auch mal freundlich. Das gibt Sympathiepunkte.
Versuchen Sie, übertriebene Gestik und Mimik zu vermeiden.

Alles muss zusammenpassen

Wichtig dabei ist die grundsätzliche Stimmigkeit (Kongruenz). Seien Sie stimmig in verbaler und nonverbaler Kommunikation. Wenn Sie etwas betonen möchten, betonen Sie es in der Stimme sowie in Ihrer Gestik. Unstimmiges Verhalten wirkt verwirrend und erzeugt Misstrauen.
Schauen Sie Ihrem Verhandlungspartner ruhig in die Augen.

Nonverbale Signale (Körperhaltung, Gestik, Mimik, Gesichtsausdruck, Tonfall etc.) tragen stärker zur Meinungsbildung bei, als wir annehmen.

Training 7: Wie interpretieren Sie nonverbales Verhalten?

15 Min.

Versuchen Sie einmal, das nonverbale Verhalten Ihres Gegenübers zu interpretieren. Überlegen Sie sich verschiedene Möglichkeiten für die folgenden Gesten:

- Mit dem Kopf nicken
- Den Kopf senken
- Augenbrauen heben
- Arm heben
- Arme vor der Brust verschränken
- Mit dem Stuhl schaukeln
- Mit dem Oberkörper nach vorn kommen
- Den Kopf schütteln
- Den Zeigefinger heben
- Mit dem Finger auf den Tisch pochen
- Die Faust ballen

Lösung 7: Wie interpretieren Sie nonverbales Verhalten?

Die folgende Tabelle enthält verschiedene Interpretationsmöglichkeiten der genannten Verhaltensweisen.

Nonverbales Verhalten	1. Variante	2. Variante
Mit dem Kopf nicken	Bestätigung	Danke sagen
Den Kopf senken	Angst, Verkrampfung	Konzentriertes Zuhören
Augenbrauen heben	Ungläubigkeit, Arroganz	Sieht schlecht
Arm heben	Etwas sagen wollen	Pause signalisieren
Arme vor der Brust verschränken	Desinteresse, Verärgerung	Bequeme Haltung
Mit dem Stuhl schaukeln	Übermut	Unsicherheit
Mit dem Oberkörper nach vorne kommen	Interesse, will unterbrechen	Stuhl kippt nach hinten
Den Kopf schütteln	Unverständnis	Anderer Meinung sein
Den Zeigefinger heben	Belehrung, Tadel	Sich zu Wort melden
Mit dem Finger auf den Tisch pochen	Überzeugt sein, Beharrung	Zeitverzug signalisieren
Die Faust ballen	Starke innere Spannung, Wut	Etwas stark betonen wollen

Der Kontext entscheidet mit

Sie werden feststellen, dass es recht schwierig ist, einzelne Aspekte nonverbaler Kommunikation zu interpretieren, ohne den Kontext zu kennen. Deswegen rate ich davon ab, vorschnell Körpersprache zu lesen.

Wichtig ist, sich den ganzen Menschen anzuschauen. Verschränkte Arme müssen nicht immer eine Distanz bedeuten. Es kann auch sein, dass Ihr Gegenüber die Arme aus Bequemlichkeit verschränkt. Deswegen achten Sie viel mehr auf Ihr Gefühl. Lernen Sie, Körpersprache durch Beobachtung und Gefühl zu lesen.

So setzen Sie Ihre Körpersprache in Verhandlungen ein

Wir können Körpersprache in Verhandlungssituationen bewusst einsetzen. Wichtig ist zu wissen, wie man sie richtig nutzt. Hier gibt es eine ganze Menge Tipps, wie Sie durch Körpersprache eine angenehme Gesprächsatmosphäre erzielen können.

Experten-Tipp

Expertentipps für den Einsatz der Körpersprache

Tipp 1: Augenkontakt

Schauen Sie Ihrem Verhandlungspartner in die Augen. Das wirkt aufmerksam und interessiert. Beim Zuhören sollten Sie darauf Acht geben, dass Sie stets den unverwandten Blickkontakt zum Sprecher aufrechterhalten. So bekunden Sie lebhaftes Interesse und Sympathie.

Tipp 2: Mimik

Lächeln Sie Ihren Verhandlungspartner an. Das wirkt sympathisch, wenn es von Herzen kommt und echt ist. Ein aufrichtiges und freundliches Lächeln bei der Begrüßung ermöglicht Ihnen einen guten Gesprächseinstieg.

Tipp 3: Gestik und Körperhaltung

Das richtige Maß finden

Begrüßen Sie Ihren Partner mit Handschlag. Achten Sie darauf, dass Sie Ihrem Verhandlungspartner nicht zu nahe kommen. Halten Sie eine höfliche Distanz ein. Also kein ausgestreckter Arm bei der Begrüßung, aber auch nicht so nahe, dass Sie schon seinen Atem spüren.

Wenn Sie bei dem Verhandlungspartner Besucher sind, warten Sie bitte darauf, bis er Ihnen einen Stuhl anbietet. Setzen Sie sich erst, wenn sich der Verhandlungspartner auch setzt. Denn wenn Sie schon vorher sitzen, kann das unhöflich wirken. Außerdem steht Ihr Verhandlungspartner und ist damit höher, sprich, er schaut auf Sie herab. Dadurch können Sie unbewusst kleiner und schwächer wahrgenommen werden.

Sollte Sie der Verhandlungspartner bitten, schon einmal Platz zu nehmen, können Sie dies allerdings auch gerne annehmen. Setzen Sie sich in diesem Fall ruhig. Wozu schon eine der ersten Aufforderungen ablehnen?

Wenn Sie Gastgeber sind, bieten Sie ihm einen Platz an und achten Sie darauf, dass Sie sich gemeinsam setzen.

Vermeiden Sie es auf jeden Fall beim Sitzen, die Arme vor der Brust zu verschränken oder die Beine übereinander zu schlagen. Beides lässt sich vom Gegenüber als Zeichen für ablehnende Reserviertheit bewerten.

Tipp 4: Kleidung
Mit Kleidung sagen Sie viel über sich aus. So ist eine geordnete und saubere Kleidung sehr wichtig. Dadurch transportieren Sie nonverbal eigene Ordnung. Zudem gehört es zu den Erwartungen Ihrer Verhandlungspartner, dass Sie sich der Verhandlungssituation angemessen kleiden. Unordentliche oder unsaubere Kleidung könnte als Respektlosigkeit interpretiert werden. Sie benötigen jedoch auch nicht immer Anzug und Krawatte, das erzeugt wieder mehr Distanz. Allerdings hängt dies auch von der Branche ab, in der Sie arbeiten. Deshalb: Machen Sie sich vor der Verhandlung klar, welchen Kleidungsstil Ihr Partner selbst bevorzugt.

Sprechlautstärke und -geschwindigkeit

Tipp 5: Tonfall
„Der Ton macht die Musik." Achten Sie vor allem bei der Begrüßung auf eine angenehme Gesprächslautstärke. Flüstern Sie nicht, sodass man Sie kaum versteht, aber reden Sie nicht zu laut, das wirkt ungalant.
Das Gleiche gilt auch für die Sprechgeschwindigkeit. Reden Sie nicht zu schnell, sodass man Ihren Worten kaum folgen kann. Reden Sie aber auch nicht so langsam, dass Ihr Gegenüber schon versucht, Ihnen zu helfen, indem er Ihren angefangenen Satz zu beenden versucht. Auch hier gilt: Finden Sie ein angenehmes Mittelmaß.

Übertreibungen vermeiden

Tipp 6: Grundsätzlich gilt
Alles, was übertrieben ist, wirkt unecht und sorgt für Verunsicherung. Meiden Sie übertriebene Betonungen, übertriebenes Lachen, übertriebene Handbewegungen oder Körperbewegungen.

So gehen Sie mit schwierigen Verhandlungspartnern um

Ein schwieriger Verhandlungspartner kann sich auf verschiedenen Ebenen bemerkbar machen. Vielleicht finden Sie ja keine Möglichkeit zu einem Kompromiss. Jedes Angebot wird abgelehnt, jeder Fortschritt sofort mit einem „Ja, aber" zunichte gemacht. Oder Sie haben die Vermutung, dass Ihr Verhandlungspartner die Unwahrheit sagt, Fakten unterschlägt oder zu seinen Gunsten verdreht. Beweise können Sie keine finden, aber das ungute Gefühl bleibt. Unter Umständen fällt Ihnen Ihr Verhandlungspartner immer wieder ins Wort, lässt Sie nicht aussprechen und bringt Sie aus dem Konzept. Der Verhandlungspartner erscheint Ihnen schwierig. Folgende Gründe könnte es dafür geben:

Hintergründe bei schwierigen Verhandlungspartnern

- Die Chemie stimmt nicht.
- Die Motive sind undurchsichtig.
- Sie haben noch ungeklärte Altlasten, das heißt, die Beziehung ist vorbelastet.
- Sie sind nicht im Gespräch miteinander geblieben.
- Sie haben den Eindruck, die Souveränität zu verlieren.
- Eine konstruktive Verhandlungssituation ist mit dem schwierigen Verhandlungspartner nicht denkbar.
- Es herrscht Misstrauen.

Durchatmen und Ruhe bewahren sind in einer solchen Situation zwar löbliche Lösungsversuche, aber eine gezielte Gegenstrategie und eine gute Argumentationsplattform verschaffen Ihnen weitaus mehr Souveränität.
Sie haben eine gute und sachlogische Argumentationskette für Ihren Standpunkt aufgebaut, Ihre Verhandlungsposition dargelegt, und von der Gegenseite ernten Sie Unverständnis und Verallgemeinerungen, die der Verhandlungssache in keiner Weise gerecht werden. Doch woran können Sie schnell erkennen, dass Sie es mit einem unfairen Verhandlungspartner zu tun haben? Hier fünf Kriterien:

Einen schwierigen Verhandlungspartner erkennen

1. Der Verhandlungspartner versucht Ihre Argumente auszuhebeln, indem er sie verallgemeinert oder ins Lächerliche zieht.
2. Der Verhandlungspartner kann seinen Standpunkt nicht mit Argumenten, Fakten oder Daten verdeutlichen und zieht sich auf ein „Das ist einfach so“ zurück.
3. Der Verhandlungspartner greift Sie persönlich an und versucht so, von der Sachebene abzulenken.

4. Der Verhandlungspartner stellt Ihre Motive infrage und unterstellt, dass Sie nicht im Sinne der Sache, sondern egoistisch handeln.
5. Der Verhandlungspartner überrascht Sie immer wieder mit neuen Ausweichmanövern und versucht Sie dadurch aus dem Konzept zu bringen.

Experten-Tipp

Drei Möglichkeiten, wie Sie mit schwierigen Verhandlungspartnern umgehen können:

- Nennen Sie die unfaire Taktik beim Namen, und markieren Sie das Argument als irrelevant für eine konstruktive Diskussion.
- Stellen Sie kritische Fragen, die sofort die Schwachstelle der vermeintlichen Argumentation aufdecken.
- Bringen Sie einprägsame Gegenbeispiele, oder starten Sie einen wirksamen Gegenangriff, was oft dann notwendig sein kann, wenn eine dritte beobachtende Partei anwesend ist.

Die folgenden Fälle beinhalten typische Situationen im Arbeitskontext. In allen Situationen zeige ich Ihnen Wege auf, wie Sie in diesen Fällen handeln können. Wichtig ist, in solchen Momenten handlungsfähig zu sein. Denn genau die Handlungsunfähigkeit schafft Wut, Ärger und Missstimmung. Mit guten Verhandlungsmethoden können Sie auch in den schwierigen oder fast ausweglosen Situationen eine für Sie akzeptable Lösung erzielen.

Rechtzeitig Handlungskompetenz erwerben

Handlungsfähigkeit sollten Sie allerdings vor dem Ernstfall erlernt haben, damit Sie auf Ihre erworbene Handlungskompetenz zurückgreifen können, wenn es darauf ankommt. Später ist in den meisten Fällen zu spät!

Machen Sie sich also schon vor den Verhandlungen mit möglichen Szenarien vertraut, und erweitern Sie Ihren Handlungsspielraum.

Der Verhandlungspartner weicht aus

Praxis-Beispiel

Ausweichmanöver

Sie sind Projektleiter und wollen mit Ihrem Auftraggeber über die Besetzung des neuen Projektteams sprechen. Ressourcen sind rar und alle überlastet. Sie haben sich einen Katalog Ihrer Mindestforderungen erarbeitet und eine Wunschliste für die Spezialisten, die Sie im Team brauchen. Ihr Verhandlungspartner betritt den Raum. Und seine ersten Worte: „Wir können heute über alles verhandeln, nur die Personalien werden hier nicht besprochen." Eigentlich könnten Sie jetzt aufstehen und gehen. Denn ohne eine Personaldiskussion kommt die Projektplanung, die Ihnen aufgetragen wurde, nicht voran.

Ihr Verhandlungspartner setzt hier die Tabuisierungstaktik ein, das heißt, er klammert kategorisch ein Thema aus, das für Sie jedoch Gegenstand des Gesprächs ist. Diese Taktik wird benutzt, wenn man eine Diskussion von vornherein vermeiden will. Das kann unterschiedliche Gründe haben, zum Beispiel:

Wenn etwas bewusst ausgeschaltet wird

- Es soll eine langwierige Diskussion vermieden werden.
- Eine Machtposition soll abgesichert werden.
- Möglicherweise ist dem Verhandlungspartner bewusst, dass er zu diesem Thema keinen Verhandlungsspielraum besitzt.
- Der Verhandlungspartner möchte dadurch vertuschen, dass er sich selbst noch keine abschließende Meinung gebildet hat.
- Der Verhandlungspartner möchte nicht zugeben, dass er keine Entscheidungsbefugnis hat.

Training 8: Kooperation bei Tabuthemen erreichen

10 Min.

Schauen Sie sich das Beispiel des Projektleiters und seines Auftraggebers noch einmal an. Wie können Sie Ihren Verhandlungspartner aus der Reserve locken? Welche Möglichkeiten haben Sie, mit der Taktik des Verschweigens umzugehen? Überlegen Sie sich, wie Sie vorgehen sollten, damit Sie eine konstruktive Einstellung Ihres Verhandlungspartners erreichen können.

Lösung 8: Kooperation bei Tabuthemen erreichen

Die Reaktion auf eine solche Taktik erfordert natürlich viel Fingerspitzengefühl. Sie können davon ausgehen, dass Ihr Verhandlungspartner nicht nur eigennützige Motive hat, weshalb er das Thema vermeidet. Sie müssen es sehr gut begründen, wenn Sie das Tabuthema doch auf den Tisch bringen wollen. Zeigen Sie zum Beispiel den positiven Effekt auf, den die Diskussion des Themas haben könnte. Sie könnten auf die ausweichende Behauptung Ihres Auftraggebers antworten: „Personalien zu diskutieren kann wirklich langwierig sein, und unter Umständen erreichen wir dazu auch heute kein Ergebnis. Lassen Sie uns doch zumindest definieren, wie viele Ressourcen das Projekt benötigt, damit wir abschätzen können, wie groß unser Engpass sein könnte."

Der Verhandlungspartner lügt

Umgang mit Lügnern

Sie haben alle Fakten recherchiert und zusammengestellt. Sie sind so aussagekräftig, dass sie jedem Zweifel standhalten. Ihr Verhandlungspartner stellt sie trotzdem infrage oder nennt ganz andere Daten. Für Sie steht fest: Seine Argumente und Fakten sind unwahr und entbehren jeder Grundlage. Wie gehen Sie nun vor? Sie können den Verhandlungspartner ja nicht direkt beschuldigen, dass er lügt. Die Konfrontation mit der Lüge verschlechtert das Verhandlungsklima. Wahrscheinlich wird es weitaus schwieriger sein, Ihr Verhandlungsziel zu erreichen oder Ihren Verhandlungspartner davon zu überzeugen, eine gemeinsame Lösung zu finden. Sie können die Lüge aber auch einfach durchgehen lassen.

Machen Sie einen Schritt zur Seite

- Erstellen Sie gemeinsam eine Liste, über welche Fakten oder Daten Sie ein gemeinsames Verständnis benötigen, um in Ihrer Verhandlung voranzukommen.
- Nehmen Sie Ihren Verhandlungspartner in die Pflicht.
- Etablieren Sie eine gemeinsame Faktenplattform, die allein schon durch die Tatsache, dass beide Parteien daran mitgewirkt haben, unbestreitbar wird.

Der Verhandlungspartner manipuliert

Negative Beeinflussung im Vorfeld

„Brunnenvergiftung“ nennt man diese Taktik. Das Interessante daran ist, dass Sie als Gesprächspartner in einer Verhandlung in Ihrer Position erschüttert werden, bevor Sie überhaupt ein Wort geäußert haben. Sie als gegnerische Position werden so „vergiftet“, dass Sie sich selbst diffamieren, sobald Sie die betreffende Meinung dann äußern.

Praxis-Beispiel

Der Opponent „trinkt aus einem vergifteten Brunnen"

- „Ich glaube, dass niemand mit gesundem Menschenverstand bezweifeln kann, dass wir die Kinderbetreuung einsparen müssen."

  Das heißt dann im Klartext: „Wenn Sie daran zweifeln, haben Sie eben keinen gesunden Menschenverstand."
- „Wer unsere Ergebnisse ernsthaft infrage stellt, kann nur wollen, dass das Projekt scheitert."

  Damit soll ausgedrückt werden: „Vielleicht überzeugen Sie die Ergebnisse nicht, aber wollen Sie die Verantwortung für das Scheitern des Projekts übernehmen?"
- „Natürlich gibt es Menschen mit mangelnder Urteilsfähigkeit, die die Vorteile der Verlagerung der Arbeitsplätze nach Polen noch nicht erkannt haben."

  Eigentlich wird damit behauptet: „Sollten Sie etwas gegen die Verlagerung der Arbeitsplätze einzuwenden haben, leiden Sie an mangelnder Urteilsfähigkeit."

Durch diese Beispiele wird deutlich, dass Sie sich als Dummkopf outen, sollten Sie in all diesen Fällen entgegengesetzter Meinung sein. Da wäre es bestimmt gesünder, nicht aus diesem vergifteten Brunnen zu trinken.

Zweck der Brunnenvergiftung

Die Brunnenvergiftung wird immer dann gern als Taktik eingesetzt, wenn die eigene Position nicht einer genaueren Prüfung standhalten würde. Es steht also um die eigene Sache nicht zum Besten. Diese Taktik ist dann besonders wirkungsvoll, wenn sie die landläufige Meinung zum Thema unterstützt, man demnach gar nicht dagegen sein kann.

So können Sie gegen Brunnenvergifter vorgehen

Bei besonders plumpen und deutlichen Fällen von Brunnenvergiftung – trinken Sie ruhig aus dem Brunnen! Es wird weniger passieren, als Sie glauben. Insbesondere dann, wenn Sie Ihren Opponenten mit echten Argumenten festnageln können.

Zum Beispiel: „Auf die Gefahr hin, dass mir der gesunde Menschenverstand fehlt, aber 60 Prozent unserer Mitarbeiterinnen mit Kindern nutzen das Betreuungsangebot. Wenn wir es streichen und diese Mütter auf öffentliche Kindergärten angewiesen sind, wird auch der Wille zur flexiblen Arbeitszeitgestaltung und zur Ableistung von Überstunden zurückgehen."

In weniger eindeutigen und versteckten Fällen von Brunnenvergiftung:

- Markieren Sie die unfaire Taktik.
- Stellen Sie kritische Fragen.
- Fordern Sie auf, echte Gründe zu nennen.

Der Verhandlungspartner zitiert falsch oder unterstellt etwas

Angriff ist die beste Verteidigung, und wenn keine Sachargumente mehr vorhanden sind, dann gibt es immer noch die Möglichkeit, die Tatsachen zu verdrehen oder Ihnen unlautere Motive zu unterstellen. Da werden Zitate aus ihrem Sachzusammenhang gerissen oder vermeintlich gegen Sie verwendet. Oder Ihnen wird unterstellt, dass Ihnen nicht zu trauen sei, weil Sie Ihre Motive und Ziele nicht wirklich offen darstellen, heimliche Interessen verfolgen und daher nicht objektiv seien.

Eine starke Behauptung!

„Die Überstundenzuschläge zu streichen scheint aus meiner Sicht keinen ausreichenden Einspareffekt zu erzielen." – „Kein Wunder, dass Sie das so sehen, Sie sitzen ja auch im Betriebsrat."

Auch wenn der Verhandlungspartner im Betriebsrat sitzt, muss es ja nicht zwangsläufig heißen, dass er keine guten sachlichen Argumente für seine Position hat. Hier wird aber versucht, durch Unterstellung das Argument von vornherein aus der Diskussion auszuschließen.

Wenn die Objektivität infrage gestellt wird, ist dies gefährlich, weil Ihnen als Dialogpartner unterstellt wird, dass Sie hoffnungslos dogmatisch und voreingenommen sind. Zumeist endet eine solche Diskussion als Streitgespräch. Die Folgen sind Emotionalisierung, Frustration und der Wunsch, es dem Verhandlungspartner heimzuzahlen. Versuchen Sie, auf die Sachebene zurückzukehren, nehmen Sie den Stier bei den Hörnern. Sprechen Sie Ihren Verhandlungspartner klar und ruhig auf seine Gesprächstaktik an. Formulieren Sie dabei objektiv; erklären Sie, welche Unterstellung aus seiner Argumentation für Sie herausklingt.

Praxis-Beispiel

Erfolgreiche Gegenargumentation

„Was meinen Sie, wie erfolgreich wir diese Verhandlung fortführen können, wenn Sie meine Objektivität in Zweifel ziehen? Bringt uns das nicht in eine Sackgasse?"

Training 9: Wenn eine Verhandlung blockiert wird

10 Min.

Sie möchten in Ihrem Fertigungsbereich den Krankenstand reduzieren. Die Statistiken der Personalabteilung und des Werksarztes zeigen, dass in den letzten zwei Jahren ein Anstieg des Krankenstands um zehn Prozent zu verzeichnen ist. Das bereitet Ihnen Sorgen. Die Krankheitsausfälle haben des Weiteren in der letzten Zeit zu vermehrten Personalengpässen geführt und damit eine Einhaltung des Zeitplans gefährdet. In einem ersten Gespräch mit dem Betriebsrat möchten Sie nun die Möglichkeiten ausloten, gemeinsam an einem Konzept zur Senkung des Krankenstands zu arbeiten und dieses auch im Konsens mit dem Betriebsrat umzusetzen. Der Betriebsratsvorsitzende reagiert folgendermaßen auf Ihr Ansinnen: „Die Zahlen sind vollkommen falsch und an den Haaren herbeigezogen. Wir haben Januar, da ist immer mit einem Ausfall durch Grippe zu rechnen. Das war in den letzten Jahren auch nicht anders! Außerdem laufen die Vertretungsregelungen bestens. Was nicht läuft, ist die Art und Weise, wie die Meister die Personalplanung machen. Aber das ist wohl Ihre neue Masche, immer schneller, weiter, höher. Kein Wunder, wenn die Leute dann krank werden." Wie gehen Sie jetzt vor?

Lösung 9: Wenn eine Verhandlung blockiert wird

Dieser emotionale Angriff will gut gekontert werden. Sie haben dafür schon einiges in diesem Buch gelernt, was Sie hier anwenden können. Ich biete Ihnen einen Lösungsvorschlag, der das Gelernte aufgreift:

1. Entflechten Sie die Themen:
   - Kontinuierlicher Krankenstand unabhängig von der Jahreszeit
   - Zahlenbasis und Grundlage des Zahlenwerks
   - Direkter Angriff als „Menschenschinder“
   - Personalplanung in der Fertigung

Themen festlegen

2. Machen Sie deutlich, über welche Themen Sie hier sprechen wollen und auf welcher Grundlage Sie gewillt sind, dies zu tun:
   - „Es geht darum, den Ablauf und den Zeitplan in der Fertigung sicherzustellen.“
   - „Es geht darum, mit einer gesunden und leistungsfähigen Mitarbeiterschaft gute Resultate zu erzielen.“
   - „Es geht darum, frühzeitig zu erkennen, ob es innerhalb der Fertigung krankheitsfördernde Rahmenbedingungen gibt, und diese gegebenenfalls abzustellen.“
3. Appellieren Sie an die Sachlichkeit der Diskussion:
   - „Das Thema wird sich nicht von selbst lösen.“
   - „Angriffe auf mich als Person werden keine Veränderung herbeiführen.“

Gemeinsame Plattform herstellen

4. Etablieren Sie eine gemeinsame Plattform:
   - „Können wir uns darauf verständigen, dass die Zahlen, die wir hier zugrunde legen, zutreffend sind?“
   - „Können wir uns darauf verständigen, dass wir in der letzten Zeit unterbesetzt waren und sehr kurzfristig Personal aus Freizeit oder Urlaub abberufen mussten?“

Der Verhandlungspartner mauert oder greift an

Der direkte oder indirekte Angriff auf die Person des Verhandlungspartners ist wahrscheinlich der schnellste und sicherste Weg, eine Verhandlung in der Sackgasse enden zu lassen. Diese

Argumentationsform wird genutzt, um die Position der Gegenseite zu schwächen und von den eigenen schwachen Argumenten abzulenken. In den meisten Fällen handelt es sich dabei um bloße Taktiken, um den Gegner aus dem Rennen zu werfen.

Der direkte Angriff

Das geht unter die Gürtellinie

Beim direkten Angriff auf die Person werden ihr Charakter, ihre Vertrauenswürdigkeit oder ihre Motive infrage gestellt. Es wird versucht, den Gesprächspartner als ernstzunehmenden Verhandlungspartner zu diskreditieren. Natürlich können auch in einer Verhandlungssituation die Integrität einer Person und ihr Verhalten Gegenstand der Diskussion sein. Wenn es um die Besetzung einer Position geht oder um die Außenwirkung, dann ist eine Diskussion der Integrität angemessen. Ob Charakterfragen wirklich relevant sind, hängt also vom Verhandlungsgegenstand ab.

Frontaler Angriff

„Das ist doch Blödsinn, was Sie hier versuchen. Ausgerechnet Sie versuchen unsere Qualität infrage zu stellen! Dabei haben Sie noch nie in der Fertigung gearbeitet."

Eine mögliche Erwiderung wäre hier:
„Ich glaube, der Punkt, den Sie hier ansprechen, hat nichts mit der Sache zu tun, die wir verhandeln. Uns geht es um die Frage: Wie können wir die Fehlerhäufigkeit reduzieren? Und nicht darum, ob ich schon einmal in der Fertigung gearbeitet habe. Welche stichhaltigen Einwände haben Sie denn?"

Hier wird also versucht, die Diskussion wieder auf eine sachliche Ebene zu bringen. Der eigentliche Gegenstand der Verhandlung wird nochmals in den Fokus gerückt. Es stellt sich nun die Frage, wie Sie sich gegen unfaire, direkte Angriffe zur Wehr setzen können.

So können Sie direkten Angriffen begegnen

- Versuchen Sie, so schnell wie möglich auf die sachliche Ebene zurückzukehren.
- Markieren Sie den Diskussionspunkt als irrelevant.
- Greifen Sie gezielt das Verhandlungsthema wieder auf.

Der indirekte Angriff

Diese Variante wird in Verhandlungen häufiger genutzt. Sie wahrt den Anschein von Objektivität und kann nicht so leicht als Beleidigung aufgefasst werden. Beim indirekten Argument gegen die Person wird ein Widerspruch aufgezeigt zwischen dem Argument oder der Verhandlungsposition einer Person und ihren Lebensumständen, Verhaltensweisen oder früheren Äußerungen. Indirekte Argumente gegen die Person können – gerade weil sie einen Schuss Sachlichkeit enthalten – sehr wirkungsvoll sein.

Praxis-Beispiel

Getarnte Angriffe

- „Der gesamte Bereich ist nicht in der Lage, seinen Budgetengpass in den Griff zu kriegen und ordentlich zu sparen."
- „Bevor Sie den Bereich kritisieren, sollten Sie erst mal in Ihrem Team für Kosteneffizienz sorgen."

In diesen Beispielen wird versucht, auf einen Widerspruch in der Position des Gegenübers aufmerksam zu machen. Es wird die Gültigkeit einer Behauptung dadurch in Zweifel gezogen, dass man auf einen Widerspruch aufmerksam macht.

Experten-Tipp

So können Sie sich als Angegriffener wehren

Das Beste ist, wenn Sie klarmachen, dass vom Gesprächspartner zwei verschiedene Dinge miteinander verwechselt werden.

„Es ist eine Sache, Mehraufwand zu erzeugen, und eine ganz andere, welche Kostenkalkulation Agenturen für ihre Leistungen errechnen."

Erklären Sie, dass von unterschiedlichen Dingen die Rede ist und kein Widerspruch besteht.

Absurde Argumente in Verhandlungen

Wenn Sie Verallgemeinerungen oder allgemeine Prinzipien aufstellen, sind diese Verallgemeinerungen meistens nicht als strikte Verallgemeinerungen gedacht, die immer und in jedem Fall gelten. Vielmehr werden Sie oft vernünftige Ausnahmen zu den Prinzipien und Verallgemeinerungen zulassen, das aber nicht besonders betonen oder herausstreichen. Und zwar deshalb nicht, weil Sie davon ausgehen, dass auch Ihre Verhandlungspartner mit gesundem Menschenverstand ausgestattet sind und verstehen werden, wie Ihre Prinzipien oder Verallgemeinerungen gemeint sind. Bei der Taktik des abstrusen Gegenbeispiels wird nun eine aufgestellte Verallgemeinerung so stark interpretiert, dass sie durch ein verrücktes Beispiel aus den Angeln gehoben wird.

Sinnlose Aussage

„Es bringt nichts, die Probleme mit den Mitarbeitern im Projekt zu klären, die haben doch keine Zeit, über Sachthemen zu reden!"

Auf diese Taktik stoßen wir immer dann, wenn der Verhandlungspartner ganz stark auf einen bestimmten Fall fixiert ist, den er möglicherweise selbst erlebt hat und von dem er sich nicht lösen kann.

Was tun bei einem absurden Gegenbeispiel?

Bleiben Sie ruhig. Kanzeln Sie das Beispiel nicht als Unsinn ab, sondern machen Sie vielmehr klar, dass es natürlich zu einem Prinzip vernünftige Ausnahmen geben kann.

Training 10: Wenn unsinnig argumentiert wird

10 Min.

Sie übertragen einem Praktikanten eine Rechercheaufgabe und möchten nun mit ihm festlegen, zu welchem Zeitpunkt er Ihnen die Ergebnisse zur Verfügung stellen kann. Für Sie ist es wichtig, rechtzeitig vor der nächsten Projektsitzung die Rechercheergebnisse zu kennen und die Informationen weiterzuverarbeiten. Daher bieten Sie ihm an, dass er innerhalb einer Woche die Ergebnisse von zu Hause aus erarbeiten und per E-Mail schicken kann. Er antwortet Ihnen: „Das ist viel zu wenig Zeit. Das schaffe ich nicht. Zum einen beginnt nächste Woche wieder der Vorlesungsbetrieb an der Uni und zum anderen: Was ist, wenn an dem Tag mein Internetanschluss nicht funktioniert und ich die Ergebnisse nicht rechtzeitig liefern kann?"

Überlegen Sie sich, wie Sie darauf antworten könnten.

Lösung 10: Wenn unsinnig argumentiert wird

Meine Lösungsvorschläge sehen folgendermaßen aus:

1. Halten Sie sich zurück. Natürlich ist es absurd, dass gerade an dem Tag der Internetanschluss versagt.
2. Fragen Sie nach: „Ist es Ihnen schon mal passiert, dass im letzten Moment das Internet gestreikt hat?“ Vielleicht hat Ihr Praktikant das ja tatsächlich schon erlebt.
3. Fragen Sie ihn, welche anderen Möglichkeiten er aus seiner Sicht nutzen kann, damit er in der Lage ist, seine Ergebnisse rechtzeitig zu liefern.
4. Machen Sie deutlich, dass der Abgabetermin nicht verhandelbar ist, und fragen Sie ihn, welchen Aufgabenumfang er sich für diesen Zeitraum zutraut.

Diese Verhandlungstypen gibt es

Die Verhandlungstiere

Es gibt nicht die richtige Art, Verhandlungen zu führen. Und eine einzige Strategie hilft auch nicht wirklich jedem. Dafür müssen Sie etwas mehr hinter die Kulissen schauen und die verschiedenen Verhandlungstypen kennen. In diesem Kapitel werden sechs verschiedene Charaktere in Gestalt von Tieren vorgestellt. Jedes dieser Verhandlungstiere bildet eine Kategorie und weist unterschiedliche Stärken und Schwächen auf:

1. Der Löwe
2. Der Igel
3. Die Schlange
4. Der Pitbull
5. Die Katze
6. Der Dackel

Verhandlungspartner können in diese sechs Kategorien eingeteilt werden. Wenn Ihnen das gelingt, können Sie einen Zugangsweg zu Ihrem Gegenüber wählen, den er versteht und schätzt.

Erkennen Sie, was für ein Typ Sie sind

- Was sind Ihre Stärken und Schwächen?
- Was sollten Sie tun, wenn Sie sich Ihrem Typ entsprechend weiterentwickeln wollen?

Die Stärken und Schwächen der Verhandlungstiere

Verhandlungstier Löwe

Emotional
Ehrlich
Angreifbar

Der Löwe ist der Überzeugung: Gefühle haben absoluten Vorrang, und zwar sofort. In Verhandlungssituationen brüllt er sehr schnell seine Emotionen heraus. Er bleibt wenig auf der inhaltlichen Ebene und fühlt sich häufig missverstanden. Er hat sozusagen das Herz auf der Zunge. Der Löwe hat Angst davor, nicht wahrgenommen zu werden, und braucht deshalb viel Aufmerksamkeit.

- Stärken des Löwen:
  - Der Löwe ist ehrlich und schafft dadurch sehr schnell Vertrauen.
  - Er ist fair und lässt die Beziehungsseite von Verhandlungen nicht außer Acht.
- Schwächen des Löwen:
  - Der Löwe plaudert frühzeitig Dinge aus, die gar nicht angebracht sind. Er ist sehr angreifbar, da er trotz seiner Stärke auch Schwächen zeigt. Der Löwe wird auch häufig in Gruppen vorgeschoben, um als Stellvertreter Probleme zu lösen (verhandeln), die sich niemand anzugehen traut.
  - Daher läuft der Löwe Gefahr, am Ende als Verantwortlicher dazustehen.

Verhandlungstier Schlange

Strategisch
Undurchschaubar

Die Schlange ist der Überzeugung, dass sie weiß, was für eine Beziehung notwendig ist. Die Schlange ist eher abwartend, lässt sich kaum Gefühle anmerken und handelt strategisch. Die

Schlange hört gut zu und antwortet sehr bedacht. Sie kann jedoch ausgesprochen giftig werden.

Selbstsicher
Gut vorbereitet

- Stärken der Schlange:
  - Die Schlange kann in schwierigen Verhandlungssituationen kühlen Kopf bewahren.
  - Sie lässt sich die Butter nicht vom Brot nehmen und wirkt sehr sicher nach außen.
  - Sie hat eine ganz genaue Vorstellung von Minimal- und Maximalziel und ist gut auch auf Einwände vorbereitet.
- Schwächen der Schlange:
  - Die Schlange ist für den Verhandlungspartner sehr schwer einzuschätzen und daher kein beliebter Verhandlungspartner.
  - Die Schlange lässt die Beziehungsseite außer Acht und pflegt wenig bis keine emotionale Bindung mit dem Verhandlungspartner.
  - Das hat zur Folge, dass sie wenig Vertrauen genießt.

Verhandlungstier Igel

Ruhig
Ängstlich

Der Igel schützt sich in schwierigen Situationen und zieht sich zurück. Er versucht schwierigen Situationen aus dem Weg zu gehen. Er bietet wenig Angriffsfläche.

- Stärken des Igels:
  - Der Igel hat seine Stärke in der Ruhe. Er kann selbst in hitzigen Verhandlungssituationen Ruhe bewahren.
  - Er hat durch sein stacheliges Fell einen guten Panzer und ist dadurch kaum verletzlich.
- Schwächen des Igels:
  - Konflikte sind für Igel immer destruktiv und daher bedrohlich.
  - Er hat Angst vor Bewertung und Kritik und dadurch Angst davor, sich wirklich einzulassen.
  - Der Igel ist für konfliktreiche Verhandlungssituationen ungeeignet, da er ihnen zu sehr aus dem Weg geht.

Verhandlungstier Pitbull

Der Pitbull greift gerne an und jagt Angst ein, lässt dann nicht mehr los. Wer ihm widerspricht, wird von ihm bekämpft. Er kämpft, bis er siegt (oder alles verliert).

Direkt
Elefant im Porzellanladen

- Stärken des Pitbull:
  - Er ist direkt, aggressiv, angstfrei, ausdauernd, unterliegt wenig Gefühlsschwankungen.
  - Er kann ausgezeichnet mit Niederlagen und Einwänden umgehen, ein Nein bringt ihn erst richtig in Fahrt.
  - Er ist mutig und gibt sich nicht geschlagen.
- Schwächen des Pitbull:
  - Er besitzt zu wenig Takt, Verständnis, Geduld oder Strategie.
  - Er wird häufig nicht gemocht, weil alle Angst vor ihm haben.
  - Er läuft Gefahr, in Verhandlungen am Ende zu viel aufs Spiel gesetzt zu haben.
  - Gefährlich für den Pitbull ist die Schlange. Er ist der Schlange unterlegen, da diese strategischer handelt.

Verhandlungstier Katze

Sie ist sehr intelligent und kultiviert und legt großen Wert auf ihr Äußeres. Sie verbringt am liebsten mehr Zeit beim Shoppen als am Schreibtisch, lebt in einer Welt von Glamour and Glory. Sie hat edle Kleidung, ein schönes Auto (das selten unauffällig geparkt wird), eine Sammlung von wertvollen Mont-Blanc-Stiften, hat sehr gute Verbindungen, ist eine ausgezeichnete Netzwerkerin und kennt die Who-is-who-Listen. Die Katze spricht distinguiert, gewürzt mit Witz, Weisheit und trockenem Humor, sie redet gerne vor Gruppen von Menschen, ist das Zentrum der Aufmerksamkeit und mag es zu verhandeln.

Beliebt
Narzisstisch
Arrogant

- Stärken der Katze:
  - Sie schafft es, dass die Menschen gerne zu ihr kommen – und nicht andersherum.
  - Katzen sind meist gute Präsentatoren, Redner und Marketing-Spezialisten.

  - Die Katze kann netzwerken, sie nutzt klug Testimonials und ihr perfektes Äußeres. Sie weiß: Ein Produkt muss nicht nur gut sein, es muss auch gut aussehen, sich gut anfühlen und sich gut anhören.
  - Sie ist sympathisch; man ist gerne in ihrer Nähe. Sie kann durch ihre verbalen und nonverbalen Fähigkeiten prima verhandeln.
- Schwächen der Katze:
  - Sie hat Schwierigkeiten damit, Schwächen zu zeigen, weil Schwächen negativ bewertet werden.
  - Die Katze will ein „perfektes Outfit" haben.
  - Sie kann in Verhandlungssituationen auch arrogant wirken.

Verhandlungstier Dackel

Treu
Bescheiden
Ausnutzbar

Er ist ein treues, loyales Tier, das einem durch dick und dünn folgt, er ist eher ein Einzelkämpfer. Keiner weiß, warum er eigentlich so beliebt ist, bis man ihm in seine Dackelaugen schaut – ein Blick, dem man kaum widerstehen kann. Der Dackel ist nie im Stress, er verbraucht sehr selten mehr Energie als unbedingt nötig. Er ist Meister im Aufbauen von Rapport. Sein Modebewusstsein ist eher unterentwickelt. Der Dackel lässt sich sehr gerne bemuttern. Und um diese Vorgänge zu unterstützen, bleibt er länger krank als nötig.

Seine Treue zeichnet ihn aus

Der Dackel wirkt demütig, bescheiden, er findet meist den direkten Weg ins Herz eines anderen. Seine größte Fähigkeit ist es, ausdauernd zu sein. Er gibt nie auf. Man kann die Türe vor ihm zuschlagen – dann legt er sich auf die Fußmatte und wartet. Man kann ihn beschimpfen – und er schaut nur traurig. Er ist daher ein optimaler Mitarbeiter für die Annahme von Reklamationen. Bei ihm kaufen irgendwann die meisten Kunden, nur um ihn endlich loszuwerden. Der Dackel beschwert sich immer über irgendetwas, meist über eine Ungerechtigkeit.

- Stärken des Dackels:
  - Er ist integer, beständig, ausdauernd und vertrauenswürdig, nicht nachtragend. Er ist sehr liebenswert.

- Niemand kann mehr Menschlichkeit und Vertrauen erzeugen und über lange Zeit aufrechterhalten.
- Kaum einer kann besser kommunizieren, er kann sich extrem gut auf Situationen einstellen.
- Er ist ein sehr guter Zuhörer. Dazu dreht er den Kopf leicht vom Sprechenden weg, um besser hören zu können. Der andere fühlt sich dadurch ernst genommen, aber nicht so analysiert wie bei einem visuellen Zuhörer.
- Er ist sehr gut einsetzbar für Wiederholungsgeschäfte, Beschwerden und Kundenpflege. Kunden schätzen seine Ehrlichkeit.

* Schwächen des Dackels:
  - Er vergisst oft alles, was mit Verkauf zu tun hat: telefonieren, closen … Stattdessen wartet er neben dem Telefon auf ein Zeichen der Liebe von bestehenden Kunden (ein Anruf, in dem gerne ein Problem zur Sprache gebracht werden kann).
  - Man kann ihn leicht ausnutzen.
  - Er ist nicht geeignet für Kalt-Akquise, weil er es nicht mag und weil er faul ist.

Das Verkaufen ist nicht seine Stärke

Sicherlich finden Sie sich in der Beschreibung eines der Tiere wieder. Möglicherweise entdecken Sie aber auch bei den anderen Tieren Charakteristika, die auf Sie zutreffen. Das ist durchaus normal. Ganz eindeutig lässt sich eine Zuordnung nicht immer treffen. Wenn Sie jedoch Erfolg in Verhandlungen anstreben, sollten Sie Ihre natürlichen Stärken verstehen und ausbauen und zusätzlich hart daran arbeiten, die für Sie notwendigen Stärken der anderen Tiere zu erlernen.

Es lassen sich mehrere Verhandlungstiere zuordnen

Anleitung für den Umgang mit den Verhandlungstieren

So gehen Sie mit dem Löwen um

Haben Sie keine Angst vor dem Löwen. Er ist zwar stark, aber sehr berechenbar. Er ist der König unter den Tieren, und so möchte er auch behandelt werden. Schon in Ihrer Vorbereitung auf Verhandlungssituationen mit Löwen sollten Sie ein starkes Augenmerk auf die Beziehungsseite richten. Die ist für den Löwen sehr wichtig und für Ihren Verhandlungserfolg von entscheidender Bedeutung, denn der Löwe agiert sehr stark aus dem Bauch heraus. Er verlangt Wertschätzung und Anerkennung, sonst brüllt er. Der Löwe braucht ein Warm-up, bevor die Verhandlung losgeht. Er achtet sehr stark auf Fairness und möchte anständig behandelt werden.

Experten-Tipp

Schaffen Sie eine positive Beziehung zum Löwen, indem Sie

- auf jeden Fall Du-Botschaften vermeiden.
- sich Zeit für die Begrüßung nehmen und ausdrücklich Ihr Interesse an einer win-win-Situation hervorheben. Betonen Sie auch Ihr Entgegenkommen an der einen oder anderen Stelle.
- dem Löwen unbedingt viel Raum geben, damit er seine Anliegen und Wünsche einbringen kann.
- den Löwen direkt nach Ängsten und Bedenken fragen. Das mag er gerne. Damit steht er als Person im Mittelpunkt.
- besonders auf nonverbale Kommunikation achten.

So gehen Sie mit der Schlange um

Vorsicht ist angebracht

Zweifelsohne ist die Schlange kein angenehmer Verhandlungspartner. Sie ist im Gegensatz zum Löwen in Verhandlungssituationen schwer einschätzbar. Die Schlange agiert nicht aus dem Bauch heraus, sondern strategisch rational. Aber auch für die Schlange gibt es wirksame Vorgehen.

Experten-Tipp

Seien Sie vorsichtig!

Bei der Schlange sollten Sie schon in der Vorbereitung Sicherheit darüber gewonnen haben, was Ihr Minimalziel ist und welches Ihre Minimalanforderung an die Verhandlung ist.

Machen Sie keinesfalls frühzeitig Zugeständnisse, und lassen Sie sich unbedingt Zeit.

Vertagen Sie auch lieber die Verhandlung, als schnell zu einer Lösung zu kommen.

So gehen Sie mit dem Igel um

Der Igel kann Sie auf die Palme bringen, da er in schwierigen Situationen den Kopf einzieht und somit nicht mehr verhandelt, sprich, der Igel ist konfliktscheu.

Experten-Tipp

Locken Sie den Igel, indem Sie

- mit ihm eher behutsam umgehen.
- unbedingt Du-Botschaften meiden. Seien Sie vorsichtig mit verbalen Angriffen.
- ihn immer wieder nach Befindlichkeiten fragen.
- ihn nie zu schnellen Entscheidungen drängen.

Wichtige Leitfragen für den Igel:

- Was wäre für Sie die beste Lösung?
- Womit würden Sie sich gut fühlen?

So gehen Sie mit dem Pitbull um

Er will das Sagen haben und sich nur mit dem Wesentlichen befassen. Darum sollten Sie die wichtigsten Argumente schnell und pointiert vortragen. Er braucht nicht (immer) viel Smalltalk. Wichtig: Der Pitbull kann sehr verletzend zubeißen.

Experten-Tipp

Den Pitbull gewinnen Sie für sich, indem Sie

- niemals um den heißen Brei herumreden.
- ihm die Führung geben: Fragen Sie ihn nach seiner Meinung, welcher Schritt als Nächstes getan werden soll.
- niemals verbissen auf Ihrem Standpunkt beharren.
- ihm Zugeständnisse machen, aber immer mit Bedingungen verknüpft. Dann hat er die Möglichkeit zu entscheiden: „Da würde ich Ihnen entgegenkommen, wenn Sie mir dafür im folgenden Punkt entgegenkommen."
- auf Ihre Grenzen achten beziehungsweise ihm Grenzen setzen. Verabreden Sie, wenn nötig, auch klare Spielregeln: „Ich verhandle nur noch weiter unter folgenden Bedingungen: ..."

So gehen Sie mit der Katze um

Die Katze ist selbstbewusst und freundlich. Achten Sie auf Ihr äußeres Auftreten, und seien Sie sehr freundlich. Rapport ist der Katze extrem wichtig, stellen Sie ihr deshalb persönliche Fragen. Sprechen Sie zum Beispiel über die Zukunft – auch über die weit entfernte. Das ist nicht immer leicht mit Katzen, aber absolut notwendig. Denn persönlicher, warmherziger Kontakt ist der Katze ausgesprochen wichtig.

Experten-Tipp

Die Katze fangen Sie ein, indem Sie

- gekonnt beiläufig auf Ihre Gucci-Uhr schauen oder mit Ihrem Sonderedition-Mont-Blanc (den brauchen Sie jetzt aber wirklich!) spielen.
- nicht mit Komplimenten sparen: Loben Sie ihre Erfolge. Natürlich wird sie dann noch mehr von Erfolgen erzählen ...
- eine Hotel-Lobby vorschlagen, wenn die Katze vorschlägt, zu Ihnen ins Büro oder sogar zu Ihnen nach Hause zu kommen. Laden Sie sie um Himmels willen nicht in Ihr Büro ein, es sei denn, Sie haben ein absolut vorzeigbares Büro.

Wenn Sie diese „Etiketten" erfüllt haben, ist eine Katze in Verhandlungen sehr umgänglich. Sie ist zwar redegewandt, aber weniger zielorientiert, da sie mehr auf Äußerlichkeiten achtet, sprich: Haben Sie die Katze erst einmal im Sack, können Sie mit ihr leicht verhandeln.

So gehen Sie mit dem Dackel um

Auf den ersten Blick scheinen Dackel einfache Verhandlungspartner zu sein. Aber auch hier ist ausschlaggebend, wie Sie vorgehen: Der Dackel legt großen Wert auf eine 1:1-Situation; er ist sehr werteorientiert und sucht die persönliche Nähe.

Experten-Tipp

Entgegenkommen des Dackels erreichen Sie, indem Sie

- Loyalität, Service, Glaubwürdigkeit und Werte betonen. Verbringen Sie Zeit mit ihm, um vor der eigentlichen Verhandlung über diese Werte zu sprechen.

- Verständnis für seine Situation zeigen. Gehen Sie unbedingt auf ihn ein. Hat der Dackel erst mal Vertrauen zu Ihnen, wird er Ihre Wünsche nicht abschlagen, wenn Sie diese als persönliche Anliegen formulieren.
- betonen, wie wichtig für Sie persönlich sein Standpunkt und seine Wünsche sind.

Training 11: Wie würden Sie reagieren?

15 Min.

Nun werden Sie die unterschiedlichen Verhandlungstiere in reiner Form selten finden. Aber sicherlich erkennen Sie die Verhaltensweisen der einzelnen Tiere in verschiedenen Verhandlungssituationen wieder.

Stellen Sie sich vor, Sie haben sechs verschiedene Gesprächstypen in einer Verhandlung. Jeder Typ hat eine auffällige Verhaltensweise.

Ihre Aufgabe ist es, genau dieser Verhaltensweise entgegenzusteuern. Testen Sie sich. Wie würden Sie reagieren?

Typ	**Verhalten im Gespräch**	**Wie würden Sie gegensteuern?**
Typ 1	– ... – ... – ...	
Typ 2	– ... – ... – ...	
Typ 3	– ... – ... – ...	
Typ 4	– ... – ... – ...	

Lösung 11: Wie würden Sie reagieren?

In der folgenden Tabelle finden Sie ein paar Vorschläge, wie Sie dem jeweiligen Verhalten von verschiedenen Verhandlungstypen gegensteuern können.

Typ	Verhalten im Gespräch	Wie würden Sie gegensteuern?
Vielredner	– Redet pausenlos – Unterbricht – Hört nicht zu – Geht nicht auf Fragen ein	– Den Redefluss stoppen
Ankläger	– Laut – Emotional – Ironisch bis zynisch – Besserwisserisch – Beleidigend	– Dampf ablassen – Begrenzen, ohne Eskalation hervorzurufen
Schweiger	– Kaum Eigeninitiative – Antwortet mit langen Pausen	– Aktivieren – Informieren – Dialog führen
Ablenker	– Geht nicht auf Fragen ein – Thematisiert Nebensächlichkeiten	– Thema halten – Zum Ergebnis kommen
Opfer	– Weinerliche Stimme – Schildert Benachteiligung – Viele Hilfsappelle	– Sich selbst abgrenzen – Eigenverantwortung stärken
Verrücktmacher	– Argumentiert paradox zwischen nett und aggressiv, zwischen Opferhaltung und Angriff	– Klare Linie und Ordnung einfordern – Verwirrung stoppen – Sachthema halten

Die richtige Verhandlungstaktik

Ausschlaggebend für Ihren Verhandlungserfolg ist Ihre Verhandlungstaktik. Ähnlich wie in der strategischen Kriegsführung verhält es sich in Verhandlungssituationen. Entscheidend für Ihren Erfolg sind nicht nur Ihre Wehrhaftigkeit und die Qualität sowie Quantität Ihrer Waffen, sondern auch deren strategischer Einsatz.

Wesentliche Kernfaktoren der strategischen Verhandlungstaktik habe ich Ihnen bisher schon beschrieben: Mit welchen Zielen gehen Sie in Verhandlungen, wie gehen Sie mit verschiedenen Verhandlungspartnern um, wie schaffen Sie es, in schwierigen Situationen (wie Brunnenvergiftung) doch noch ein positives Ergebnis zu erzielen?

Erfolg durch gute Taktik

Dieses Kapitel steigt noch tiefer in das Thema ein. Es ist ausschließlich der richtigen Verhandlungstaktik gewidmet. In vielen Situationen reichen Ihnen nicht nur einfache „Kochrezepte" beziehungsweise Lösungen, denn kaum eine Verhandlungssituation gleicht der anderen, sie ähneln sich nur. Sie werden wohl keine Situation exakt wieder erleben. Deswegen brauchen Sie zwei Dinge:

1. Die nötige Intuition und Menschenkenntnis, um die Situation, das heißt auch Ihren Verhandlungspartner, gut einschätzen zu können.
2. Geeignete Handlungsmöglichkeiten, auf die Sie in der jeweiligen Situation zurückgreifen können.

Argumente, Fragetechniken und Ich-Botschaften nutzen

In diesem Kapitel geht es um die Erweiterung Ihres Handlungsspielraums. Konkret erfahren Sie, wie Sie mit schlagkräftigen Argumenten überzeugen, wie Sie Fragetechniken gezielt einsetzen, wie Sie mit Ich-Botschaften wesentlich bessere Ergebnisse erzielen als mit Du-Botschaften, wie Sie in Preisverhandlungen gewinnbringend agieren können, welche konstruktiven Taktiken Sie einsetzen können, wie Sie destruktiven Taktiken begegnen können, auf welche Rollenspiele Sie sich nicht einlassen sollen und wie Sie gezielt mit Einwänden umgehen.

Mit schlagkräftigen Argumenten überzeugen Sie

Je schwieriger die Verhandlung, desto präziser muss Ihre Argumentation sein. Das bedeutet nicht, so viele Argumente wie möglich in die Verhandlung einzubringen. Es bedeutet, dass Sie möglichst schlagkräftige Argumente in die Verhandlung einbringen. „Schlagkräftige Argumente" ist ein gängiger Begriff für gute, gehaltvolle oder wirkungsvolle Argumente.

Weniger ist mehr

Beschränken Sie sich auf diejenigen Argumente, die wirklich überzeugend sind. In den meisten Verhandlungen reichen drei Argumente völlig aus. Jedes Argument kann auch wieder gegen Sie verwendet werden. Deshalb: Je mehr Argumente Sie einbringen, desto mehr Angriffspunkte bieten Sie. Ihr Verhandlungspartner wird sich auf Ihr schwächstes Argument stürzen und dieses zerlegen.

In der folgenden Checkliste finden Sie eine Anleitung für den Aufbau Ihrer Argumentation. Sie können diese Checkliste bei komplexeren Verhandlungen sehr gut mit der Vorbereitungsliste von Seite 25 kombinieren.

CD-ROM

Aufbau Ihrer Argumentation

1. Zielbestimmung

Welches Ziel verfolgen Sie? Formulieren Sie dieses eindeutig.

2. Brainstorming

Sammeln Sie sämtliche Argumente, die Ihre Ziele unterstützen.

3. Zusammenfassung

Fassen Sie Argumente zusammen, die den gleichen Nutzen haben.

4. Die drei schlagkräftigsten Argumente bestimmen

Nehmen Sie die drei wichtigsten Argumente aus Ihrer Liste heraus, und bringen Sie sie in die folgende Reihenfolge:

- Das wichtigste Argument
- Das unwichtigste Argument
- Das zweitwichtigste Argument

Konzentrieren Sie sich auf Ihr stärkstes Argument, und bringen Sie dieses zuerst und mit Selbstverständlichkeit in die Verhandlung ein. Wiederholen Sie Ihr Hauptargument (Kernargument) während der Verhandlung immer wieder, damit es sich einprägt wie eine Werbebotschaft.

5. Argumente überprüfen

Prüfen Sie die Argumente auf Einwände und Gegenargumente.

Vollziehen Sie einen Perspektivwechsel. Versetzen Sie sich in Ihren Verhandlungspartner: Welche Gegenargumente und Einwände könnte er anfügen?

6. Einwände behandeln und Gegenargumente ausmerzen

Suchen Sie eine gute Gegenargumentation.

Darauf sollten Sie beim Argumentieren achten

Experten-Tipp

Treten Sie nicht in die Falle: „Ich habe Recht, Sie haben Unrecht."

Versuchen Sie dem Verhandlungspartner nicht zu widersprechen. Besser: Finden Sie wichtige Argumente, die er nicht bedacht hat!

Seit der Antike wissen wir, dass Einleitung und Schluss einer Rede bleibende Eindrücke hinterlassen. Genauso ist es in einer Verhandlung. Nennen Sie deshalb nach dem wichtigsten Ihr drittwichtigstes und erst am Schluss Ihr zweitwichtigstes Argument.

Training 12: Durch gute Argumente überzeugen

15 Min.

Stellen Sie sich vor, Sie arbeiten in einem Unternehmen, dessen Standort circa 80 Kilometer von Ihrem Zuhause entfernt ist. Seit zwei Jahren bilden Sie mit zwei Kollegen aus Ihrer näheren Umgebung eine Fahrgemeinschaft. Seit zwei Monaten haben Sie die Möglichkeit, mit einer neuen Regionalbahn in fast identischer Zeit zu Ihrem Arbeitsplatz zu fahren. Nun möchten Sie sich mit den beiden anderen treffen, um sie davon zu überzeugen, in Zukunft gemeinsam mit der Bahn zu fahren.

Wenn Ihnen das gelingt, haben Sie die Möglichkeit, durch einen Gruppentarif sehr günstig zu fahren. Ihnen ist ein positiver Ausgang der Verhandlung wichtig, denn Sie möchten vor allem auch die Gesellschaft der beiden nicht missen.

Bereiten Sie sich auf das Gespräch vor.

Lösung 12: Durch gute Argumente überzeugen

Als Grundlage für meinen Lösungsansatz habe ich den oben beschriebenen Argumentationsaufbau verwendet:

- Zielbestimmung:
  „Ich möchte die anderen beiden davon überzeugen, dass die Fahrgemeinschaft in Zukunft geschlossen mit der Bahn fährt."

Ideen sammeln

- Brainstorming:
  1. Sie nutzen günstige Gruppentarife, wenn alle drei gemeinsam mit der Bahn reisen.
  2. Wenn einer krank ist oder einmal nicht kann, bedarf es keiner großen weiteren Abstimmung mit den beiden anderen.
  3. Man kann auch zu unterschiedlichen Zeiten fahren.
  4. Die Bahn ist weniger wetteranfällig.
  5. Die Bahn ist grundsätzlich sicherer (weniger Unfälle).
  6. Die Fahrzeit kann besser genutzt werden. Alle können beispielsweise bequem am Laptop arbeiten.
  7. Bahnfahren ist wesentlich umweltbewusster.
  8. Sie müssen keinen Parkplatz suchen und/oder bezahlen.
  9. Sie sind stauunabhängig.
  10. Es bedarf keiner Abstimmung mehr, wer fahren muss.
  11. Sämtliche Kosten für den Autoverschleiß entfallen (Reifen, Waschstraße, Öl ...).
  12. Ihre Fahrtkosten sind nicht mehr so abhängig vom ständig steigenden Benzinpreis.
  13. Man kommt generell ausgeruhter zum Arbeitsplatz.
  14. Das Auto könnte ganz abgeschafft werden (das bedeutete somit enorme Einsparungen, zum Beispiel bei Versicherungen, Steuern, Verschleiß).

Nach Nutzen einteilen

- Zusammenfassung der Argumente, die den gleichen Nutzen haben:

Manche Argumente können auch mehrere Nutzen haben, daher auch mehrfach zugeordnet werden:

- Risikominimierung: 2, 4, 5, 9
- Stressfreier und bequemer: 2, 3, 6, 8, 10, 13

- Kostengünstiger: 1, 8, 11, 12, 14
- Umweltbewusster: 7

- Die drei wichtigsten Argumente bestimmen und in eine Rangreihe bringen:
  In dem Fall sollten Sie einen Perspektivwechsel vollziehen und bestimmen, welche dieser vier Hauptargumente am ehesten die Verhandlungspartner überzeugen. So könnte Ihre Rangreihe aussehen:
  - Schlagkräftigstes Argument: Stressfreier und bequemer
  - Drittstärkstes Argument: Kostengünstiger
  - Zweitstärkstes Argument: Risikominimierung

Die Rangreihe der Argumente

- Welche Gegenargumente/Einwände könnten kommen:
  - Gegenargument zu *stressfreier und bequemer*: „Wenn die Bahn voll ist, müssten wir dann stehen?"
  - Gegenargument zu *kostengünstiger*: „Die Bahnpreise werden auch angehoben."
  - Gegenargument zu *Risikominimierung*: „Die Bahn ist auch häufig zu spät."

Einwände

- Einwandbehandlung:
  - „Wenn die Bahn voll ist, müssten wir dann stehen?" – Es gibt Platzreservierungen.
  - „Die Bahnpreise werden auch angehoben." – Hier müssen Sie Fakten bringen. Machen Sie als Vorbereitung eine Kalkulation der Kosten, und rechnen Sie die Bahnkosten und die kalkulierten Autokosten hoch und vergleichen Sie diese.
  - „Die Bahn ist auch häufig zu spät." – „Ja, aber die Bahn fährt zu unseren Zeiten im 20-Minuten-Takt. Warum die Bahn nicht mal testen?"

Auf die richtige Fragetechnik kommt es an

Fragen bedeutet lenken

Wer fragt, führt, heißt es; und gute Fragen zu stellen heißt daher auch, die Verhandlung in die richtige Richtung zu lenken. Haben Sie wirklich genau verstanden, was Ihr Verhandlungspartner damit meint, wenn er darüber spricht, dass in dem

Angebot noch etwas Spielraum ist? Akzeptieren Sie diesen Begriff vorschnell, um dann später festzustellen, dass der nur grob umrissene Spielraum Ihre Minimalzielsetzung unterschreitet? Fragen erfüllen verschiedene Funktionen. Sie aktivieren zum Nachdenken, halten die Verhandlung im Fluss und signalisieren Ihrem Verhandlungspartner, dass Sie an seiner Meinung und seinen Einschätzungen interessiert sind. Fragen sorgen dafür, dass neue Perspektiven eingenommen werden können, damit die Verhandlung aus der Sackgasse herauskommt. Und sie sorgen für mehr Verständnis zwischen den Verhandlungspartnern, weil Missverständnisse und vorschnelle Bewertungen vermieden werden.

Es gibt keine dummen Fragen

In Verhandlungen kann man häufig feststellen, dass zu wenig Fragen gestellt werden. Da steht Behauptung gegen Behauptung, oder es werden die Aussagen der Gegenseite angezweifelt. In vielen Fällen führt das fehlende Nachfragen zu Verwirrung. Wie war das denn nun gemeint? War das gerade ein Angriff oder eine simple Feststellung? Häufig herrscht das Missverständnis vor, dass Sie als Verhandlungspartner inkompetent wirken, wenn Sie zu viel nachfragen. Es kommt Ihnen so vor, als würden Sie nichts von der Sache verstehen oder als würden nur Sie die Fakten nicht als selbstverständlich akzeptieren, oder? Verwundert stellt man dann fest, dass die Fakten doch nicht völlig klar und unstrittig sind und die Einschätzung bestimmter Faktoren voneinander abweicht. Ein paar gute Fragen hätten hier mehr Klarheit geschaffen und vor allen Dingen das Verhandlungsklima entlastet. Es ist nicht immer leicht, herauszufinden, was nun gerade gute Fragen sind und wie man sie am besten in einer Verhandlung einsetzt. Hier finden Sie einige, die Ihnen als Hilfestellung dienen können:

Geschlossene und offene Fragen

Ja oder Nein vs. Aktivierung

Im Grundsatz teilt sich die Welt der Fragen in zwei Kategorien: in die der geschlossenen und die der offenen Fragen. Auf geschlossene Fragen lässt sich nur mit Ja oder Nein antworten, offene Fragen wirken aktivierend und zwingen Ihren Verhandlungspartner dazu, ausführlicher zu antworten.

Ja oder Nein?

„Sind alle wichtigen Entscheidungsträger in die Verhandlung einbezogen worden?" – Sie können mit Ja oder Nein antworten.

Praxis-Beispiel

Offen fragen

„Welche Ideen stecken hinter Ihrem Lösungsvorschlag?"

Hier muss Ihr Verhandlungspartner inhaltlich auf Ihre Frage eingehen.

Offene und geschlossene Fragen verwenden wir ständig im Alltag. Mit den so genannten W-Fragen „Wie? Weshalb? Wann? Wo? Wer? Welche? Warum?" erschließen wir uns Sachverhalte und verschaffen uns notwendige Informationen.

Sammel- und Vertiefungsfragen

Sammelfragen müssen Sie stellen, wenn Sie erst einmal einen Überblick über alle Aspekte des Themas erhalten möchten, um sicherzustellen, dass auch kein Punkt vergessen wurde oder Ihr Verhandlungspartner auch alle notwendigen sachlichen Punkte in die Verhandlung eingebracht hat.

Sammelfragen

Praxis-Beispiel

- „Was alles gehört noch zum Thema dazu?"
- „Welche weiteren Ideen und Anregungen sollten wir berücksichtigen?"
- „Was darüber hinaus ist noch relevant?"

Vertiefungsfragen sind sinnvoll, wenn Sie einen Aspekt des Themas näher beleuchten möchten. Hier geht es darum, die Details zu verstehen und nachzuvollziehen.

Vertiefend fragen

Praxis-Beispiel

- „Was genau führt immer wieder zu diesem Problem?"
- „Was stört Sie besonders an diesem Vorschlag?"
- „Welche Relevanz hat dieser Faktor in Ihrer Bewertung?"

Beide Fragetypen wirken aktivierend. Sie sorgen dafür, dass ein gemeinsames Verständnis über die Faktenlage innerhalb der Verhandlung erreicht wird. Daher werden sie hauptsächlich am Anfang der Verhandlung eingesetzt.

Unterscheidungsfragen

Viele Verhandlungen eskalieren irgendwann. Wenn mit Schuldzuweisungen und Vorwürfen gearbeitet wird, ist es oft hilfreich, wieder auf den Boden der Tatsachen zurückzukommen. Unterscheidungsfragen können dabei unterstützen.

Praxis-Beispiel

Bei verallgemeinernden Vorwürfen

„Alle in unserer Abteilung sind unzufrieden mit diesem Vorgehen!" „Jeder ist betroffen!" Bei solchen Verallgemeinerungen bietet es sich an, nach Unterschieden zu fragen.

- „Ist das Problem für alle in der Abteilung gleich?"
- „Wenn wir diese Verhandlungslösung umsetzen, für wen würde sich dann etwas verbessern, für wen nicht?"

Hypothetische Fragen

Hypothetische Fragen sind ein Weg dafür, elegant nach den Zielen Ihres Verhandlungspartners zu fragen, ohne mit der Tür ins Haus zu fallen.

Praxis-Beispiel

Fiktiv fragen

„Angenommen, unser Problem hätte sich von heute auf morgen in Luft aufgelöst, was wäre dann anders?"

Die Antwort auf diese Frage ermöglicht Ihnen Rückschlüsse auf die Motivation Ihres Verhandlungspartners: „Dann würden wir endlich …", werden Sie wahrscheinlich als Antwort bekommen und einem möglichen Verhandlungsziel ein wenig näher kommen.

Perspektivfragen

Wenn die Verhandlungen feststecken oder die Kreativität fehlt, neue Lösungsmöglichkeiten zu entdecken, bringt ein Perspektivwechsel oftmals wieder neue Impulse.

Aus einem anderen Blickwinkel fragen

Praxis-Beispiel

- „Was würde uns denn der IT-Bereich empfehlen, wenn er von unserem Qualifizierungsproblem hören würde?"
- „Wie würde die Abteilungsleitung reagieren, wenn wir ihr diese Lösung vorstellen würden?"

Aus der Sicht einer dritten Perspektive können Lösungsmöglichkeiten noch einmal auf ihre Machbarkeit abgeklopft und neue Aspekte in die Diskussion eingebracht werden.

Polaritätsfragen

Manchmal scheint alles ganz glatt zu gehen. Es wurde ein Verhandlungsergebnis erzielt, das alle Beteiligten zufriedenstellt. Doch irgendwie fehlt noch etwas. Wenn Sie die Befürchtung haben, dass die verabschiedete Lösung im Alltag keinen Bestand haben wird und schon bald wieder infrage gestellt wird, dann ist es an der Zeit, Polaritätsfragen zu stellen.

Gegensätzlich fragen

Praxis-Beispiel

- „Was geht schief, wenn alles gut geht?"
- „Was müssen wir langsamer machen, um schneller zu werden?"
- „Wer hat letztlich einen Nutzen davon, dass wir keinen Nutzen erzeugen?"
- „Was machen wir eigentlich richtig, wenn wir in Verhandlungen alles falsch machen und nicht weiterkommen?"

Diese Fragen verwirren zuerst, haben aber einen sehr großen Nutzen. Sie fragen nach möglichen Hindernissen, die nicht unberücksichtigt bleiben dürfen oder die mittelfristig die gesamte Verhandlung infrage stellen könnten.

Training 13: Setzen Sie die Fragetechnik richtig in der Verhandlung ein

20 Min.

Zu welchem Zeitpunkt und in welcher Situation lassen sich welche Fragetypen am besten einsetzen? Erstellen Sie eine Liste mit den Kriterien „Fragetyp" und „Zeitpunkt", und überlegen Sie sich immer ein entsprechendes Beispiel.

Lösung 13: Setzen Sie die Fragetechnik richtig in der Verhandlung ein

Die folgende Tabelle gibt Ihnen einen Überblick über die verschiedenen Fragearten:

Fragetyp	Zeitpunkt	Beispiel
Offene Fragen Sammelfragen	Zu Anfang der Verhandlung, um Informationen zu sammeln und einen Überblick zu gewinnen	– „Welche Faktoren müssen wir aus Ihrer Sicht berücksichtigen?" – „Was alles gehört noch zu unserem Thema?" – „Welche weiteren Lösungsversuche gab es schon?"
Geschlossene Fragen	Während der gesamten Verhandlung, um Entscheidungen herbeizuführen	– „Können wir diese Teillösung verabschieden?"
Vertiefungsfragen	Im Verlauf der Verhandlung, wenn es darum geht, bestimmte Aspekte genauer zu beleuchten	– „Was besonders ...?" – „Was genau ...?"
Unterscheidungsfragen	Im Verlauf der Verhandlung, wenn sich Pauschalurteile und -bewertungen einschleichen	– „Ist das Problem für alle gleich?" – „Unter welchen Umständen gab es Ausnahmen?"
Hypothetische Fragen	Im Verlauf der Verhandlung, wenn die Wünsche, Anforderungen oder Ziele des Verhandlungspartners sehr unklar sind	– „Angenommen, unser Problem hätte sich von heut auf morgen in Luft aufgelöst, was wäre dann anders?"
Perspektivfragen	Im Verlauf der Verhandlung, wenn neue Sichtweisen oder Ideen gebraucht werden	– „Was würden die Mitarbeiter zu dieser Lösung sagen?" – „Wie würden die Techniker unser Problem sehen?"
Polaritätsfragen	Zum Ende der Verhandlung, um das Verhandlungsergebnis nochmals auf seine Praktikabilität zu prüfen	– „Was geht schief, wenn alles gut geht?" – „Was müssen wir langsamer machen, um schneller zu werden?"

So setzen Sie Ich-Botschaften wirksam in Verhandlungen ein

„Sie sind schuld ..."

Zwei Verhandlungspartner sitzen seit mindestens einer Stunde zusammen und kommen zu keinem Ergebnis. Der eine sagt: „Warum blockieren Sie dauernd und rücken nicht von Ihrem Standpunkt ab?" Der andere erwidert: „Sie beschuldigen mich, dass ich die Verhandlung blockiere? Ihre Reaktion ist für unsere Zusammenarbeit auch nicht gerade förderlich!"

An diesem Beispiel können Sie sehen, dass es sich immer wieder nur um Nuancen handelt, weshalb ein Gespräch zu scheitern droht. Es gibt eine ganz einfache und vor allem sehr wirksame Methode, wie ein konstruktives Verhandlungsklima aufrechterhalten werden kann: die Anwendung der Ich-Aussagen. Vor allem bei schwierigen Verhandlungen werden oft die eigenen Empfindungen nicht ausgedrückt, sondern in eine – vermeintlich objektive – Aussage über den Gesprächspartner übertragen. Bei Ich-Botschaften senden Sie etwas Persönliches von sich. Sie geben dem Empfänger eine Information über sich.

Gehen Sie von sich aus

Mit Ich-Aussagen wird darauf verzichtet, dem anderen Eigenschaften zuzuschreiben und die eigenen Aggressionen zu verdecken. Sie sind einfach, kraftvoll und zeigen Selbstbewusstsein. Sie zeigen Ihrem Verhandlungspartner, wie sein Verhalten auf andere wirkt. Sie können eingesetzt werden, wenn persönliche Sichtweisen, Wünsche und emotionale Stellungnahme verdeutlicht werden sollen.

Mit diesen Aussagen schaffen Sie ein gutes Klima

„Ich wünsche mir ein größeres Entgegenkommen von Ihnen."

„Ich bin davon ausgegangen, dass Sie die notwendigen Informationen haben, um dieses Problem zu lösen."

Dagegen sollten Du-Botschaften/-Aussagen vermieden werden, da sie:

- Schuldgefühle verursachen,
- als Tadel, Herabsetzung, Kritik, Ablehnung empfunden werden,
- den Eindruck erwecken können, man missachte den anderen,
- häufig Vergeltungsmaßnahmen provozieren,
- der Selbstachtung des Empfängers schaden können,
- anstelle der Bereitschaft für Veränderung Widerstand gegen diese hervorrufen können,
- den anderen verletzen können und später Groll in ihm wecken,
- häufig als bestrafend empfunden werden.

Praxis-Beispiel

Mit diesen Aussagen zerstören Sie oder bauen Sie auf

Du-Botschaft: „Was Sie da getan haben, war völlig unlogisch."

Wahrscheinliche Antwort: „Es war sehr logisch, denn Sie müssen doch wissen, dass ..."

Stattdessen:

Ich-Botschaft: „Ich habe nicht verstanden, warum Sie dies getan haben."

Wahrscheinliche Antwort: „Ich will Ihnen die Gründe nennen."

5 Min.

Training 14: Konstruktiv formulieren

Die folgenden Sätze werden Sie sicherlich schon einmal in einer Verhandlung gehört oder selbst geäußert haben:

1. Sie haben mich enttäuscht.
2. Sie schauen mich so komisch an.
3. Sie verstehen das falsch.
4. Sie erzählen wirres Zeug.
5. Sie gehen mir auf die Nerven.
6. Sie reden immer um den Brei, sagen Sie doch mal, was Sie wollen.

Damit Sie in Verhandlungen ein konstruktives Miteinander erreichen können, formulieren Sie die Sätze als Ich-Botschaften um.

Lösung 14: Konstruktiv formulieren

Mein Lösungsvorschlag sieht folgendermaßen aus:

1. Ich hatte ganz andere Erwartungen.
2. Ich bin irritiert, weil ich Ihren Blick nicht deuten kann.
3. Ich habe das nicht richtig rübergebracht.
4. Ich habe Sie nicht ganz verstanden.
5. Ich habe gerade Schwierigkeiten, mit Ihnen zu verhandeln.
6. Ich habe den Eindruck, noch nicht ganz auf dem Grund (Punkt) zu sein, und mich würde interessieren, was Sie wollen.

So gewinnen Sie Preisverhandlungen

Alle Dinge sind besprochen, es bleibt nur noch als Letztes die entscheidende Frage, mit welchen Kosten zu rechnen ist. Natürlich will der Kunde einen guten Preis. Doch bei manch einem Kunden können Sie jeden Preis der Welt nennen, er wird ihn trotzdem auf jeden Fall verhandeln wollen. Es gibt mehrere Ursachen, warum ein Kunde einen günstigeren Preis will:

Warum der Kunde handelt

- **Unsicherheit:** Weil er vom Preis-Leistungs-Verhältnis noch nicht überzeugt ist.
- **Seine Erfahrung:** Der Kunde hat gelernt, dass es sich meistens lohnt, den Preis zu verhandeln.
- **Seine Position:** Der Kunde ist Einkäufer und möchte dieser Position gerecht werden.
- **Seine Vorgaben:** Weil er günstiger einkaufen muss. Oder weil er selbst nicht oder nicht allein entscheiden kann.

Sie sehen also, es kann verschiedene Gründe haben, warum der Kunde so reagiert. Sicherlich fragen Sie sich jetzt, wie Sie richtig auf Preiseinwände eingehen. Sie stehen vor dem Kunden, und er sagt: „Das ist mir zu teuer!“ Im ersten Augenblick hört sich das eher negativ an. Wenn Sie allerdings darüber nachdenken und es interpretieren, sind Sie in dieser Situation doch schon einen enormen Schritt weitergegangen:

In den allermeisten Fällen teilt Ihnen der Kunde durch diese Aussage indirekt mit, dass er das Produkt oder die Dienstleistung durchaus haben möchte, dass es ihm aber zu teuer ist. Sie stehen also nur noch vor der Preisfrage. Warum den Sack nicht einfach zumachen?

Leitfaden für Preisverhandlungen

Damit Sie richtig reagieren können, finden Sie im Folgenden einen Leitfaden, der Sie durch Preisverhandlungen führt. Die Ausgangssituation ist die, dass der Kunde meint, ihm sei das Produkt zu teuer.

Experten-Tipp

Handlungsschritt 1: Eine geschlossene Frage stellen

„Was sind Sie bereit, für (nennen Sie den Nutzen) auszugeben?"

Praxis-Beispiel

Geschlossen fragen

Fall 1: Herr Müller sagt: „Das Auto ist mir zu teuer!"
Die richtige Frage darauf würde lauten:
„Was sind Sie denn bereit, dafür zu zahlen, um mobil zu sein und Prestige zu haben?"

Fall 2: Herr Rutzen sagt: „Die Musikanlage ist mir zu teuer!"
Die richtige Frage darauf würde lauten:
„Was sind Sie denn bereit, für einen hochwertigen und soliden Sound zu zahlen?"

Fall 3: Herr Klose sagt: „Der Laptop ist mir zu teuer!"
Die richtige Frage darauf würde lauten:
„Was sind Sie denn bereit, für ein sicheres und flexibles Arbeitswerkzeug zu zahlen?"

Jetzt spinnen wir die Situation weiter. Der Kunde hat mit seiner Aussage „Ist mir zu teuer!" ja schon signalisiert, dass er das Produkt oder die Dienstleistung theoretisch haben möchte. Nur mit dem Preis ist er noch unzufrieden. Lassen Sie ihn doch den Preis nennen, der er zahlen würde – und schon haben Sie eine neue Grundlage geschaffen. Der Kunde wird „verbindlich". Er nennt ihnen seinen Wunschpreis. Nun können Sie handeln.

Handlungsschritt 2: Sack zu?

Sind Sie mit dem genannten Preis einverstanden, machen Sie den Sack zu. Seien Sie aber nicht zu weich. Denn Sie wollen dem Kunden ja nicht zeigen, dass Sie gleich bereit sind, auf sein Angebot einzugehen. Bieten Sie ihm einen Kompromiss an. Kommen Sie ihm zur Hälfte entgegen.

Nun gehen wir davon aus, dass der Kunde einen Preis nennt, der jenseits Ihrer Vorstellungen liegt, was tun?

Handlungsschritt 3: Nachfragen

Verhandeln Sie einfach weiter. Der Ball ist noch immer warm. Denken Sie daran, der Kunde hat schon gekauft, nur der Preis muss noch verhandelt werden.

Fragen Sie nach, wie er zu der Preisvorstellung kommt. Dafür gibt es verschiedene Möglichkeiten:

- Womit vergleichen Sie uns?
- Wie kommen Sie zu dem Preis?

Nun haben Sie wieder einen Nährboden für weitere Verhandlungen geschaffen.

Handlungsschritt 4: Zuhören

Hören Sie jetzt sehr gut auf das, was der Kunde sagt.

Gehen wir davon aus, der Kunde nennt Ihnen einen Vergleich.

Handlungsschritt 5: Anzweifeln

Zweifeln Sie die direkte Vergleichbarkeit Ihrer Angebote positiv – das heißt, Sie stellen keine degradierende Frage – an. So erhöhen Sie die Bereitschaft des Kunden, die Angebote zu vergleichen.

So können Sie die Aussagen Ihres Partners hinterfragen

- Was hat Ihnen der Wettbewerb genau gesagt?
- Welche Produkte/Leistungen hat Ihnen der Wettbewerb angeboten?

- Welche Zusatzleistungen hat Ihnen der Wettbewerb angeboten?
- Welche Zahlungsbedingungen hat der Wettbewerb angeboten?

Experten-Tipp

Wichtiger Grundsatz

Das erste Ziel des inhaltlichen Vergleichs ist, nichtinhaltliche Unterschiede herauszuarbeiten. Sie können damit:

- Ihre Glaubwürdigkeit erhöhen,
- Nachlassvorstellungen reduzieren,
- testen, ob der Kunde blufft.

Nun ist Ihre Stunde gekommen. Sie sind jetzt an der Reihe, die Verhandlung in Ihrem Sinne zu beeinflussen.

Experten-Tipp

Handlungsschritt 6: Vorteile aufzeigen

Nennen Sie Ihre speziellen Vorteile. Welches sind Ihre Verkaufsargumente? Was können Sie besser, schneller oder günstiger als die Konkurrenz? Machen Sie sich genau Gedanken darüber, welche Vorteile Ihr Produkt beziehungsweise Ihre Dienstleistung hat.

Hier finden Sie eine Checkliste möglicher Vorteile, die Sie sich vor einer Preisverhandlung vornehmen sollten, damit Sie gut auf eine manchmal etwas heikle Situation vorbereitet sind.

CD-ROM

Checkliste

Ihre Vorteile gegenüber der Konkurrenz	**ja**	**nein**
Sie sind schneller.	✓	
Sie haben einen besseren Standort.		
Sie haben zufriedene Referenzkunden.		
Sie sind erfahrener.		
Sie haben einen besseren Kundendienst/Kundenservice.		
Planungs- und Projektierungskosten sind im Preis eingerechnet.		
Sie garantieren verlängerte Garantien.		
Sie garantieren Einsparungen: Zeit, Personal, Energie, Geld.		

Ihre Vorteile gegenüber der Konkurrenz	**ja**	**nein**
Sie bieten eine beweisbar höhere Qualität – und somit längere Lebensdauer.		
Sie haben ein kompletteres Angebot.		
Sie bieten mehr Leistung.		
Sie bieten frühere Lieferung frei Haus.		
Sie bieten einen Bonus-Preisnachlass.		

Nun haben Sie alle Waffen ausgespielt. Sie haben Ihr Produkt beziehungsweise Ihre Dienstleistung ausreichend präsentiert. Der Köder ist ausgelegt, aber der Kunde schnappt nicht zu. Was machen Sie, wenn der Kunde immer noch nicht einlenkt?

Handlungsschritt 7: Letzte Offensive – Prüfen, ob es wirklich am Preis liegt

Experten-Tipp

Stellen Sie nun eine geschlossene Frage, um zu prüfen, ob der Kunde überhaupt mit Ihnen ins Geschäft kommen will:

- „Können Sie sich, abgesehen vom Preisunterschied, vorstellen, dass wir zusammenkommen?"
- „Sind wir uns, abgesehen vom Preisunterschied, einig, oder gibt es weitere Punkte, die wir klären müssen?"
- „Angenommen, wir finden beim Preis eine Lösung, können wir heute abschließen?"

Wenn der Kunde mit „Nein" antwortet:

- „Was müsste ich Ihnen, abgesehen vom Preis, bieten, damit wir ins Geschäft kommen?"
- „Welche Punkte müssen wir denn dann, abgesehen vom Preis, noch klären?"

Training 15: Wie streichen Sie in Preisverhandlungen Ihre eigenen Vorteile heraus?

10 Min.

In der Praxis stellt Ihnen der Kunde oft Fragen wie diese: „Warum soll ich eigentlich bei Ihnen mehr bezahlen?" Wie reagieren Sie darauf? Überlegen Sie sich mögliche Antworten, in denen Sie die Vorzüge Ihres Unternehmens präsentieren.

Lösung 15: Wie streichen Sie in Preisverhandlungen Ihre eigenen Vorteile heraus?

Sie könnten zum Beispiel so auf diese Fragen reagieren:

- „Sie haben Recht, wir sind zum Teil teurer als der Wettbewerb, dafür haben Sie bei uns den Vorteil, dass ..."
- „Natürlich könnten wir auch billiger anbieten, nur müssten wir dann auf ... verzichten."
- „Wir bieten Ihnen einen zuverlässigen Service, zum Beispiel sehr schnelle Reaktionszeiten. Vorteil: Sie reduzieren Ausfallzeiten und sparen damit Kosten!"
- „Aufgrund unserer Standortnähe zu Ihnen haben Sie weitere Vorteile: Zum einen können wir so eine schnelle Verfügbarkeit Ihrer Anlage gewährleisten, das heißt, Sie minimieren Ausfallzeiten und Kosten. Zum anderen reduzieren Sie Anfahrt- und Transportkosten."
- „Wir arbeiten ausschließlich mit qualifizierten Mitarbeitern. Vorteil: Dadurch können wir eine hohe Ausführungsqualität gewährleisten. Das bedeutet für Sie eine hohe Prozesssicherheit, weniger Ausfälle und weniger Kosten. Darüber hinaus vermeiden Sie Unfallrisiken und damit weitere Kosten."

Es ist nicht immer sehr einfach, herauszufinden, warum ein Preis und damit der Abschluss der Verhandlung nicht zustande kommen. So kann es sein, dass sich der Kunde in dieser Phase nicht mehr eindeutig äußern will. Für diesen Fall gibt es sicher Gründe, die in der Regel gar nicht bei Ihnen liegen.

Experten-Tipp

Handlungsschritt 8: Wenn die Verhandlung stockt

Drei mögliche Gründe hierfür:

- Sie sind nur ein Alibianbieter gewesen. Der Auftrag ist schon vergeben.
- Der Kunde ist nur Besucher: Er wollte von vornherein nicht kaufen, sondern nur einmal vorfühlen.
- Der Kunde ist ein Spion und betreibt Markterkundung.

In allen drei Fällen sollten Sie den Kunden wieder freundlich gehen lassen. Sie haben alles versucht. Halten Sie nicht länger fest. Baggern Sie nicht an der falschen Baustelle.

Leider ist es für einen Verkäufer sehr schwer, anfangs zu entscheiden, ob es sich hierbei um einen potenziellen Interessenten, also einen interessierten Kunden, handelt oder um einen Scheinkunden, Besucher oder Spion.
Es besteht aber durchaus auch die Möglichkeit, dass der Kunde einwilligt.

Handlungsschritt 9: Ein Verkauf kommt zustande

Führen Sie die Verhandlung weiter, und stellen Sie gezielte Fragen, die den Verkauf abschließen:

- „Was muss ich tun, damit wir ins Geschäft kommen?"
- „Unter welchen Voraussetzungen wären Sie jetzt bereit, das Angebot anzunehmen?"

Handlungsschritt 10: Kunde formuliert Angebot – Sie entscheiden!

Lassen Sie den Kunden jetzt sein Wunschangebot formulieren, und entscheiden Sie, ob Sie das Angebot des Kunden annehmen.

Grundsätzliche Regeln zur Preisverhandlung

- Widersprechen Sie dem Kunden nicht.
  Beispiel: Herr Rutzen sagt: „Das ist zu teuer!"

  Antwort: „Sie haben Recht, das ist ein stolzer Preis. Was würden Sie denn für ein solches Produkt ausgeben wollen?"
  Oder: „Mit wem oder womit vergleichen Sie uns?"
- Zeigen Sie dem Kunden, dass Sie nicht jeden Preis akzeptieren werden.
  Beispiel: „Herr Müller, ich möchte gern mit Ihnen ins Geschäft kommen, weil ... Aber es gibt natürlich auch Grenzen, die ich nicht überschreiten kann!"
- Bieten Sie nie direkt einen Nachlass an, sondern fragen Sie zunächst indirekt.
  Beispiel: „Wo liegen denn Ihre Vorstellungen?"

Auch wenn die Nachlassvorstellung akzeptabel ist: Niemals sofort akzeptieren!

Offene Fragen sind das richtige Mittel

- Stellen Sie offene Fragen, um Details zu erfahren, nie geschlossene.
  Beispiel: „Was ist Ihnen wichtig?"
- Entwickeln Sie eine aussagekräftige Qualitätsargumentation, formuliert als Kundenvorteile. Nutzen Sie hierfür die Checkliste möglicher Vorteile.
- Stellen Sie dem Kunden immer abschlussvorbereitende Fragen. Damit bekommen Sie verbindliche Zusagen.
- Zeigen Sie dem Kunden Ihre Verhandlungsgrenzen auf, und erfragen Sie seine Vorstellungen.

  Beispiel: „So weit kann ich Ihnen leider nicht entgegenkommen. Welche Vorstellungen haben Sie genau?"

So halten Sie die Balance

Als Verhandlungsteilnehmer befinden Sie sich immer in einer Balancesituation. Wie ein Seiltänzer auf einem Seil stehen Sie immer wieder vor Situationen, in denen Sie schnell balancieren müssen. Verlieren Sie die Balance, besteht die Gefahr, dass Sie vom Seil fallen.

Praxis-Beispiel

So fallen Sie vom Seil

Haben Sie zu sehr Ihre eigenen Interessen im Kopf, wird Sie der Verhandlungspartner wenig kooperativ erleben, da Sie seine Interessen nicht berücksichtigen.

Vernachlässigen Sie Ihre eigenen Interessen und gehen zu sehr auf die Interessen des Verhandlungspartners ein, laufen Sie Gefahr, zu kurz zu kommen.

Sie müssen entscheiden, an welchen Kriterien Sie sich vorwiegend orientieren. In der folgenden Tabelle sehen Sie die Kernfaktoren, die Sie in Verhandlungen gut ausbalancieren müssen, um erfolgreich zu sein:

Sachorientierung Orientierung an den Fakten und der Sachlage. Sie möchten schnell Vereinbarungen erreichen.	**Beziehungsorientierung** Orientierung am Aufbau einer guten Atmosphäre. Sie achten auf ein harmonisches Verhältnis.
Prozessorientierung Sie lassen die Verhandlung laufen, sich entwickeln, je nach Interesse und Energiefluss. Festschreibbare Vereinbarungen sind nachrangig.	**Zielorientierung** Sie halten das Ergebnis im Auge, arbeiten daran, Vereinbarungen festzuhalten. Interessen werden dem Erreichen sichtbarer Ergebnisse untergeordnet.
Steuern und Lenken Sie greifen ein, steuern Beiträge, geben Anregungen.	**Abwarten und Zurückhalten** Sie halten sich zurück, lassen Pausen zu, beobachten, greifen nur minimal ein.
Aufbauen von Nähe Ihr Kontakt zum Verhandlungspartner ist nett und authentisch.	**Aufbauen professioneller Distanz** Sie versuchen professionelle Distanz zu wahren, agieren eher kühl und distanziert.
Eigeninteresse Ihre eigenen Interessen stehen im Vordergrund.	**Interesse des Verhandlungspartners** Die Interessen des Verhandlungspartners stehen im Vordergrund. Seinen verborgenen Interessen und Wünschen wird nachgegangen.
Orientierung am eigenen Gefühl Orientierung an den eigenen Einschätzungen und dem eigenen Gefühl zur Situation und nicht an den Worten, die gesprochen werden.	**Orientierung an den Schilderungen der Verhandlungspartner** Schilderungen der Konfliktparteien stehen im Vordergrund, eigene Gefühle und Vorstellungen werden ausgeblendet.
Aufmerksamkeit bei der eigenen Person Ihre Aufmerksamkeit liegt bei den eigenen Empfindungen und Reaktionen.	**Aufmerksamkeit beim Verhandlungspartner** Ihre Aufmerksamkeit liegt beim Verhandlungspartner. Sie versuchen, sich in ihn hineinzuversetzen.
Selbstbeherrschung Eigene Gefühle (zum Beispiel Ärger, Unmut, Hilflosigkeit, Langeweile)	**Offener Ausdruck von Gefühlen** Eigene Gefühle (zum Beispiel Ärger,

erleben Sie als prozessbremsend und äußern sie nicht.	Unmut, Hilflosigkeit, Langeweile) erleben Sie als begründet und legen sie offen.
Verantwortung übernehmen Sie fühlen sich für die Erreichung eines Ergebnisses verantwortlich.	**Sich nicht verantwortlich fühlen** Die Verantwortung für das Ergebnis überlassen Sie Ihrem Verhandlungspartner.
Gleichbehandlung Alle müssen gleich behandelt werden.	**Eingehen auf Besonderheiten** Besonderheiten eines Falles müssen berücksichtigt werden.

To Do

Schätzen Sie sich ein

- Welche der benannten Felder vernachlässigen Sie?
- Welchen Feldern müssen Sie mehr Aufmerksamkeit schenken, um erfolgreicher in Verhandlungen zu sein?

Immer wieder prüfen

Eine verallgemeinernde Antwort auf diese Fragen gibt es natürlich nicht. Wenn Sie Ihre Schwerpunkte herausgefunden haben, können Sie sich leichter auf Verhandlungen vorbereiten. Sie kennen sich jetzt besser und wissen, woran Sie noch arbeiten sollten. Nehmen Sie sich dazu die obenstehende Liste zur Vorbereitung einer Verhandlung immer wieder zur Hand. Genauso können Sie die Kernfaktoren nach einer Verhandlung noch einmal durchgehen und sich auf diese Art selbst prüfen.

So setzen Sie wirkungsvoll konstruktive Taktiken ein

In diesem Kapitel geht es um die großen und kleinen Taktiken, die Sie vielleicht teilweise bewusst oder unbewusst selbst anwenden und denen Sie sicherlich schon begegnet sind. So gibt es Taktiken, die sich sehr konstruktiv auf die Verhandlungen auswirken können.

Es gibt aber auch Taktiken, die sich sehr negativ auf die Verhandlung auswirken. Für diese gibt es so genannte Gegenmittel, die Sie wiederum taktisch einsetzen können, um doch noch zu einem konstruktiven Verhandlungsergebnis zu kommen. Beginnen wir mit den konstruktiven Taktiken. Denken Sie an die taktische Zielformulierung, mit welchen Zielen Sie in Verhandlungen gehen oder in welcher Reihenfolge Sie Ihre drei Hauptargumente in der Verhandlung platzieren.

Taktik: Erfragen Sie Hintergründe und Fakten, bevor Sie „richtig verhandeln"

Fragen, fragen, fragen

Stellen Sie in Verhandlungssituationen so viele Fragen wie möglich, damit Sie sich ein optimales Bild von der Sache verschaffen. Das heißt, dass Sie auch eine optimale Grundlage haben, Ihre Position festzulegen, und den Verhandlungspartner richtig einschätzen können. Machen Sie dem Verhandlungspartner dabei klar, wie wichtig Ihnen seine Sichtweise ist und dass Sie ihn verstehen möchten.
Nutzen Sie dazu die verschiedenen Fragetechniken aus dem Kapitel „Auf die richtige Fragetechnik kommt es an" ab Seite 73. Erst wenn Sie Ihre Fragen beantwortet wissen, können Sie die Positionen richtig aushandeln.

Taktik: Überlassen Sie wichtige Entscheidungen dem Verhandlungspartner

Erst äußert sich der andere

Dies ist eine der wichtigsten Verhandlungstaktiken überhaupt. Bei allen Verhandlungssituationen versuchen Sie erst die Position des Verhandlungspartners zu erfragen und beziehen sich dann darauf.

Praxis-Beispiel

Einen Verhandlungstermin bestimmen

Die Verhandlung ist noch nicht beendet. Die Zeit ist um. Es geht darum, einen neuen Termin zu besprechen, wann Sie mit dem Verhandlungspartner weiterverhandeln.

Fragen Sie den Verhandlungspartner: „Wann kann ich Sie wieder aufsuchen?"

Sind Sie mit dem genannten Termin zufrieden, dann haben Sie diese Entscheidung dem Verhandlungspartner überlassen und zeigen dadurch Entgegenkommen und Kooperation.

Sind Sie damit nicht einverstanden, können Sie immer noch verhandeln. Lassen Sie den Verhandlungspartner einen neuen Termin vorschlagen.

Taktik: Meine Schwierigkeiten zu unseren Schwierigkeiten machen

Probleme gemeinsam angehen

Wenn Sie Schwierigkeiten und Bedenken haben, teilen Sie diese Ihrem Verhandlungspartner mit. Behalten Sie sie nicht für sich. Es geht darum, ein optimales Ergebnis für beide zu erzielen (win-win-Situation). Deswegen soll Ihr Verhandlungspartner sich auch mit Ihren Bedenken und Schwierigkeiten auseinander setzen. Mehr darüber erfahren Sie im Kapitel „Die Gewinner-Gewinner-Strategie“, S. 150.

Taktik: Positive Stimmungsmacher nutzen

Gute Atmosphäre schaffen

Die Wirkung von positiven Stimmungsmachern wird häufig unterschätzt. Ist der Verhandlungspartner erst einmal in eine positive Grundstimmung versetzt, wird er eher geneigt sein, Ihnen entgegenzukommen, als in einer neutralen oder vielleicht sogar negativen Stimmung. Also sparen Sie nicht mit positiven Stimmungsmachern wie zum Beispiel: „Es ist mir viel daran gelegen, dass wir zwei mit einem für beide positiven Ergebnis herauskommen.“

Experten-Tipp

Alles in Maßen

Sollten Sie es mit positiven Stimmungsmachern übertreiben, so erhalten Sie genau die gegenteilige Reaktion. Der Verhandlungspartner fühlt sich manipuliert und zieht sich eher zurück. Achten Sie auf eine gesunde Dosis.

Taktik: Den Kuchen vergrößern

Kreativ Lösungen suchen

Manchmal stocken Verhandlungen, weil die Verhandlungspartner sich nicht für die möglichen Wege entscheiden können. Es wird auf Positionen beharrt. Dann ist die richtige Taktik, in Kooperation neue Lösungen zu suchen, um die Erweiterung der Entscheidungsmöglichkeiten voranzutreiben. Idealerweise findet sich auf diese Weise ein Lösungsweg, den die Verhandlungsparteien in dieser Form zunächst gar nicht in Betracht gezogen hatten, der aber ihren beiderseitigen Interessen entspricht. Diese Form der kreativen Lösungssuche nennt man auch „Kuchenvergrößerung“, da die Parteien so insgesamt mehr vom sprichwörtlichen Kuchen bekommen, als sie es nach ihren eigenen Lösungswegen für möglich gehalten hätten.

Der kritische Leser wird sich berechtigterweise fragen, ob man kreative Lösungsmöglichkeiten so einfach „aus dem Ärmel schütteln“ beziehungsweise wie man die Entwicklung solcher Lösungen fördern kann.

Eine Möglichkeit hierzu, die auch außerhalb von Verhandlungen als Mittel der Entscheidungsfindung weitverbreitet ist, ist das Brainstorming. Lesen Sie dazu das Kapitel „So können Sie Lösungen finden“, S. 137.

Training 16: Wenden Sie die konstruktiven Taktiken an

10 Min.

Wie können Sie es schaffen, die konstruktiven Taktiken richtig einzusetzen? Machen Sie sich Notizen, wann und wie Sie sie anwenden können. Finden Sie Beispiele.

Lösung 16: Wenden Sie die konstruktiven Taktiken an

- Hintergrundwissen erweitern
  - „Kann ich Ihnen einige Fragen über die mir zugänglichen Fakten stellen?“
  - „Aufgrund welcher Kriterien haben Sie das gemacht?“
  - „Ich möchte einmal sehen, ob ich Sie richtig verstehe ...“
- Meine Schwierigkeiten zu unseren machen
  „Ich möchte auf Schwierigkeiten hinweisen, die für mich entstehen, wenn ich Ihrem Gedankengang folge.“
- Einige Anregungen für Stimmungsmacher
  - Eingangsfloskel: „Es ist mir eine Freude, mit Ihnen heute zu verhandeln.“
  - Betonung der win-win-Situation: „Es ist mir viel daran gelegen, dass wir mit einem für beide positiven Ergebnis herauskommen.“
  - Das Verhandlungsergebnis feiern. Machen Sie beispielsweise eine Flasche Sekt auf nach einer längeren Verhandlung.

Anerkennung baut Brücken

  - Loben Sie den Verhandlungspartner: Zollen Sie dem Verhandlungspartner Lob und Anerkennung für gute Argumente.

So entwaffnen Sie wirkungsvoll destruktive Taktiken

Nun haben Sie in diesem Buch viele unterschiedliche Verhandlungstaktiken kennen gelernt, die den Verhandlungsverlauf positiv beeinflussen sollen. Über die destruktiven Verhandlungstaktiken haben Sie noch wenig erfahren. Hier finden Sie die bekanntesten Verhandlungstaktiken, die den Verhandlungspartner schädigen.
Erst wird das taktische Vorgehen beschrieben, danach erhalten Sie als „Gegenwaffe“ mögliche Reaktionen, wie Sie solchen Taktiken erfolgreich entgegenwirken können.
Natürlich können Sie sich durch den eigenen gezielten Einsatz der „destruktiven Taktiken“ kurzfristig Verhandlungsvorteile

verschaffen. Allerdings dient das nicht langfristigen positiven Beziehungen, da Sie davon ausgehen müssen, dass sich dann auch Ihr Verhandlungspartner dieser Waffen bedient. Und so schaffen Sie sich Feinde und beginnen kriegerische Verhandlungen, bei denen am Ende eher beide Verhandlungspartner verlieren. Deswegen sollten Sie im Sinne von win-win-Situationen von solchen Taktiken Abstand nehmen oder sie nur in ganz gezielten Situationen dosiert einsetzen.

Experten-Tipp

Vorsicht geboten

Wenn Sie sich für den kurzfristigen Erfolg der destruktiven Taktiken entscheiden, erreichen Sie mit hoher Wahrscheinlichkeit eine Gegenwehr. Wenn Sie aber konsequent darauf verzichten, wird das Ergebnis der Aufbau einer langfristig konstruktiven Verhandlungskultur sein!

Widerspruchstaktik

Verdrehen der Tatsachen

- Taktisches Vorgehen:
  Diese Taktik dient dazu, den Verhandlungspartner bloßzustellen und gegebenenfalls vom eigentlichen Thema abzulenken. Es werden zum Beispiel Aussagen zitiert, die früher gemacht worden sind. Daraus werden widersprüchliche Aussagen abgeleitet.
- Taktische Reaktion:
  Geben Sie keine schnellen Antworten darauf. Gehen Sie nicht zu schnell in eine Verteidigerrolle. Es kann sein, dass Sie scheinbar widersprüchliche Aussagen machen, aber sich entweder der Kontext geändert hat oder Sie selbst durch Erfahrung Ihre Meinung geändert haben. Beide Situationen sind keinesfalls ehrenrührig. Es kann auch sein, dass die Aussage des Verhandlungspartners nicht stimmt: Berichtigen Sie, und kommen Sie schnell auf die Argumente zurück, die zur Debatte stehen.
- Mögliche Antworten:
  - Der Kontext hat sich geändert.
    „Sie haben vollkommen Recht. Zu diesem Zeitpunkt habe ich diese Aussage gemacht. Die Situation hat sich aller-

dings verändert, sodass sich meine Aussagen entsprechend verändert haben. Mich würde interessieren, was Sie gegen meine Aussage einzuwenden haben."

- Sie haben sich verändert (weiterentwickelt).
  „Ich stimme Ihnen zu. Zu diesem Zeitpunkt war ich dieser Meinung. Ich habe allerdings mit der Zeit dazugelernt, und meine Meinung hat sich verändert. Das hat zur Folge, dass ich zu einem späteren Zeitpunkt eine andere Aussage zu diesem Sachverhalt gemacht habe. Mich würde interessieren, was Sie gegen meine Aussage einzuwenden haben."
- Die Mutmaßung des Verhandlungspartners, Sie hätten widersprüchliche Aussagen gemacht, ist schlichtweg falsch.
  „Interessant, wie Sie mich zitieren, ich habe nie diese Aussage gemacht. Diese Aussage würde im Übrigen auch komplett gegen meine Überzeugung stehen, lassen Sie uns zum Thema zurückkommen. Wo sind wir stehen geblieben?"

Fremdworttaktik

Wichtigtuerei

- Taktisches Vorgehen:
  Diese Taktik dient dazu, das eigene Fachwissen zu beweisen oder um zu verwirren. Es geht darum, mit Fremdwörtern zu glänzen.
- Taktische Reaktion:
  „Können Sie dies in gutes Deutsch übersetzen? Es wäre interessant zu erfahren, was das alles heißt."

Induktionstaktik

Vom Einzelnen aufs Allgemeine schließen

- Taktisches Vorgehen:
  Ein zugkräftiges Einzelbeispiel soll beweisen, dass die Aussage allgemein gültig ist.
- Taktische Reaktion:
  „Ein schönes Einzelbeispiel, leider beweist es uns nichts." Stellen Sie jetzt ein Gegenbeispiel. Denn mit einem einzigen Gegenbeispiel kann das ganze Argumentationsgebäude zusammenfallen.

Hauptsache-Nebensache-Taktik

Vom Eigentlichen ablenken

- Taktisches Vorgehen:
  Diese Taktik dient dazu, das hauptsächliche Thema zu „verwischen“ und die Aufmerksamkeit auf Nebenschauplätze zu lenken. Nebensächlichkeiten werden hochgespielt, sodass der Verhandlungspartner (oder Zuhörer) die Hauptsache (die eigentliche Absicht) nicht erkennt.
- Taktische Reaktion:
  Entlarven Sie. Kommen Sie zum Thema zurück. „Diese Nebensächlichkeiten sind recht interessant. Was war unser eigentliches Thema?“

Unterbrechungstaktik

Nicht ausreden lassen

- Taktisches Vorgehen:
  Dieses taktische Vorgehen dient dazu, den Verhandlungspartner zu verunsichern und aus dem Konzept zu bringen.
- Taktische Reaktion:
  Unterbrechungen sind zermürbend und lästig. Machen Sie einfach keine Pause, und fragen Sie vehement: „Darf ich fortfahren?“ Appellieren Sie an Spielregeln und an Fairness. Fordern Sie notfalls einen Moderator ein.

Verunsicherungstaktik

Konfusion erreichen

- Taktisches Vorgehen:
  Diese Taktik dient dazu, den Verhandlungspartner zu irritieren und aus dem Konzept zu bringen. Dies schafft man durch betont kritische Haltung, dauerndes Gegenfragen und Einwände. Missbilligung wird in der Körperhaltung zusätzlich zum Ausdruck gebracht.
  „Sie sehen ja nur Ihren eigenen Vorteil“, wird vom Verhandlungspartner zum wiederholten Mal geäußert.
- Taktische Reaktion:
  Stellen Sie Gegenfragen. Beispiel: „Wie kommen Sie zu dieser Sichtweise?“
  Wenn es sich allerdings zeigt, dass der ehrliche Wille zum Dialog fehlt, lohnt es sich nicht, das Spiel mitzuspielen. Eventuell sollten Sie zeigen, dass Sie die Methode durch-

schaut haben: „Gibt es wenigstens einen Punkt, den Sie nicht infrage stellen?“

Autoritätstaktik

Sich mit fremden Federn schmücken

- Taktisches Vorgehen:
  Diese Taktik dient dazu, keine eigene Aussage zu machen und dadurch unangreifbar zu sein. Beispiel: „Albert Schweitzer hat zu dieser Frage bereits gesagt ...“
- Taktische Reaktion:
  - „Ich habe die Frage eigentlich an Sie gerichtet.“
  - „Uns interessiert Ihre Antwort.“
  - „Welche Meinung haben Sie dazu?“

Phrasentaktik

Leeres Geschwätz

- Taktisches Vorgehen:
  Diese Taktik dient dazu, den Verhandlungspartner (Zuhörer) durch Phrasen (höhere Werte, Vaterland, Mutterliebe usw.) zu umgarnen.
- Taktische Reaktion:
  Anerkennen Sie Ihren Verhandlungspartner höflich, aber holen Sie ihn wieder auf den Teppich, und fragen Sie genau, was er damit sagen wollte: „Schöner Spruch, was wollen Sie in diesem Zusammenhang (kurz auf das Thema eingehen) sagen?“

Theorie-Praxis-Taktik

Scheinbar nicht praktikabel

- Taktisches Vorgehen:
  Diese Taktik dient dazu, Argumentationen zu zerschlagen. Beispiel: Es wird behauptet: „Dieser Vorschlag mag in der Theorie richtig sein, aber in der Praxis ist er nicht durchführbar.“
- Taktische Reaktion:
  Gehen Sie nicht sofort in die Verteidigerrolle, sondern stellen Sie eine Gegenfrage: „Wo wurden damit schlechte Resultate erzielt?“ Oder: „Wie kommen Sie zu dieser Annahme?“ So haben nicht Sie die Aufgabe, etwas zu rechtfertigen, sondern Ihr Verhandlungspartner. Sie selbst können dann be-

tonen, dass Sie die Theorie brauchbar finden. „Gute Ideen bewähren sich auch in der Praxis.“

Kompetenz-Taktik

Die Zuständigkeit aushebeln

- Taktisches Vorgehen:
  Diese Taktik dient dazu, den Verhandlungspartner infrage zu stellen. Bei jüngeren Verhandlungspartnern kann beispielsweise der Vorwurf kommen, es fehle an Lebenserfahrung, oder bei älteren Verhandlungspartnern, sie dächten angeblich nicht mehr zeitgemäß.
- Taktische Reaktion:
  Gehen Sie nicht gleich in die Verteidigerrolle, geben Sie keine schnellen Antworten. Das haben Sie nicht nötig. Stellen Sie gezielte Gegenfragen. Beispiel: Machen Sie klar, dass es jetzt nicht ums Alter geht, sondern um Argumente: „Was spricht gegen das Argument?“

Training 17: Testen Sie Ihre taktischen Fähigkeiten

10 Min.

Stellen Sie sich folgende Situation vor:

Seit zwei Jahren sind Sie nun in einem mittelständischen Unternehmen. Sie sitzen mit drei Ihrer Kollegen zusammen und bilden ein Kompetenzteam zur Konzeption und Durchführung der nächsten Kick-off-Veranstaltung. Es geht darum, zu verhandeln, wer was organisieren soll. Ein Verhandlungspartner möchte Sie infrage stellen. Er sagt: „Sie sind doch erst seit zwei Jahren im Unternehmen!"

Wie würden Sie taktisch klug reagieren?

Lösung 17: Testen Sie Ihre taktischen Fähigkeiten

Gehen Sie nicht in Gegenwehr, stellen Sie erst einmal eine Gegenfrage: „Stimmt. Was genau wollen Sie damit sagen?“ Lassen Sie den Verhandlungspartner zunächst erklären, was er meint. Stellen Sie dann eine weitere Frage: „Was genau spricht nun gegen mein Argument?“

Großzügigkeitstaktik

„Bitte nicht so detailverliebt!“

- Taktisches Vorgehen:
  Diese Taktik dient dazu, wichtige Fakten zu vertuschen. Beweismaterial wie Zahlen oder Fakten werden als „kleinkariert“ mit dem Hinweis abgetan: „Die große Linie ist gefragt.“
- Taktische Reaktion:
  - „Haben Sie etwas gegen die Zahlen einzuwenden?“
  - „Es sind genaue Zahlen, auf denen großzügiges Denken basieren kann.“
  - „Wenn wir ein objektives Ergebnis erzielen wollen, sollten wir genau diese Zahlen beziehungsweise Fakten nicht übersehen.“

Experten-Tipp

Mit Trotz kommen Sie nicht weiter

Achten Sie darauf, dass Sie keinesfalls trotzig reagieren. Das erkennt man häufig an der Stimmlage. Antworten Sie sachlich.

Genauigkeitstaktik

Erbsen zählen

- Taktisches Vorgehen:
  Es werden Vorbehalte gemacht: Der Teufel liege im Detail. Das Argument sei zu ungenau.
- Taktische Reaktion:
  Auch hier gilt die Regel: Gehen Sie nicht zu vorschnell in die Verteidigung. Fragen Sie nach, was Ihr Verhandlungspartner zu ungenau empfindet, bevor Sie antworten.
  Dann haben Sie zwei Möglichkeiten zu reagieren:
  - Entweder weisen Sie die Vorbehalte zurück, da Sie die Details bereits geklärt haben,

- oder Sie werden die Details noch mal prüfen. Im letzteren Fall ist es wichtig, dass Sie Ihren Verhandlungspartner vorab zu einer verbindlichen Aussage (einer Festlegung, auf die Sie dann zurückgreifen können) zwingen, dass wenn die Argumente so stimmen, er dazu bereit wäre …

- Mögliche Reaktionen:
  Beispiel 1: Sie haben die Details bereits geprüft.
  - „Die Einzelheiten wurden selbstverständlich auch geprüft. Um Sie nicht zu langweilen, habe ich Ihnen nur das Wichtigste vorgetragen."
  - „Auf Wunsch legen wir das Zahlenmaterial selbstverständlich gerne auf den Tisch."

  Beispiel 2: Sie werden Details noch prüfen, möchten allerdings eine verbindliche Aussage (mündlicher Vorabvertrag).
  - „Vielen Dank für den Hinweis. Selbstverständlich werde ich diese Details noch klären."
  - Gegebenenfalls sind die Details geklärt: „Es bleibt bei meiner Aussage, wozu sind Sie dann bereit?"

Ad-personam-Taktik (Angriffstaktik)

Der Person direkt schaden

- Taktisches Vorgehen:
  Diese Taktik dient dazu, den Verhandlungspartner zu schwächen und zu verunsichern. Sie ist eine bekannte Methode der unfairen Dialektik: Es geht hier um persönliche Angriffe, nicht mehr um die Sache. Zum Beispiel: „Ihre Art, wie Sie sich kleiden, zeigt schon Ihren schlechten Geschmack." Oder: „Jemand, der so viel isst, muss Probleme beim Denken haben."

Dulden Sie keine persönlichen Angriffe

- Taktische Reaktion:
  Persönliche Angriffe müssen Sie mit aller Entschiedenheit zurückweisen. Zeigen Sie Grenzen auf. Sonst werden Sie als gleichwertiger Verhandlungspartner nicht ernst genommen.
- Mögliche Reaktionen:
  - „Ich bitte Sie, Ihre beleidigenden Kommentare einzustellen, sonst kann ich Sie unmöglich in einer fachlichen Diskussion ernst nehmen."

- „Sollte ich von Ihrer Seite noch weiter beleidigt werden, werde ich mit Ihnen nicht weiterverhandeln. Haben Sie jetzt etwas zur Sache zu sagen?“

Laientaktik

Den Laien mimen

- Taktisches Vorgehen:
  Der Partner spielt den Ungläubigen. Er will nichts verstehen (mit der Absicht, dass Sie sich dauernd wiederholen und nicht Ihre Meinung sagen können). „Können Sie das nochmals erklären?“
- Taktische Reaktion:
  Geben Sie wieder keine schnelle Antwort. Antworten Sie nicht ins Blaue, und wiederholen Sie Ihr Gesagtes nicht noch einmal. Sie arbeiten sich ab und kommen vielleicht aus Ihrem Konzept. Fragen Sie genau, was der Verhandlungspartner nicht verstanden hat. Geben Sie erst dann eine gezielte Antwort.
  „Bitte erklären Sie, was genau haben Sie nicht verstanden?“

Zuordnungstaktik

Verallgemeinern durch Zusortieren

- Taktisches Vorgehen:

Diese Taktik dient dazu, den Verhandlungspartner zu entkräften. Der Verhandlungspartner ordnet den anderen Verhandlungspartner einer Gruppe zu und verallgemeinert somit: „Alle Finanzdienstleister …“, „Alle Berater …“ usw.

- Taktische Reaktion:

Hebeln Sie den Verhandlungspartner gekonnt mit einer Gegenfrage aus: „Sind hier Verallgemeinerungen angebracht?“ „Wieso schließen Sie aus Ihren Erfahrungen auf alle …?“

Vorwurfstaktik

Vorhaltungen machen

- Taktisches Vorgehen:
  Diese Taktik dient dazu, den Verhandlungspartner in die Enge zu treiben und zu verunsichern. Der Verhandlungspartner überhäuft den anderen mit Vorwürfen und endlosen „Warum“-Fragen. (Vielleicht will er bewusst verzögern oder Sie hinhalten.)

- Taktische Reaktion:
  Gehen Sie mit solchen Vorwürfen sicher und selbstbewusst um. Zuerst möchten Sie verstehen, was der Verhandlungspartner überhaupt meint. Dann gibt es zwei Möglichkeiten:
  - Die Gegenfrage beziehungsweise der Vorwurf ist in Bezug auf die Verhandlung relevant. Das heißt, es gehört zum Verhandlungsthema. Fragen Sie also nach, wieso er Ihre Argumentation bezweifelt. Geben Sie daraufhin eine gezielte Antwort.
  - Wenn die Gegenfrage oder der Vorwurf gar nicht zur Sache gehört, also gar nicht relevant ist, betonen Sie dies und bitten Sie Ihren Verhandlungspartner, beim Thema zu bleiben. Versprechen Sie ihm allerdings dazu gerne eine Antwort zu gegebenem Zeitpunkt, wenn ihm das wichtig ist.

Als irrelevant entlarven

- Mögliche Reaktionen:
  - Beispiel 1: Der Vorwurf oder die Frage ist relevant.
    „Wo genau sehen Sie Schwierigkeiten in meiner Argumentation?“
    „Ah ja. Eine wichtige Frage/Anmerkung in diesem Zusammenhang ...“
    „Erkläre ich Ihnen gerne ...“
  - Beispiel 2: Der Vorwurf oder die Frage ist nicht relevant (gehört nicht zum Thema).
    „Interessante Frage. Darauf gebe ich Ihnen zu gegebenem Zeitpunkt auch gern eine Antwort.“
    „Die Antwort bringt uns allerdings momentan nicht weiter, da sie nicht zum Thema gehört.“
    „Lassen Sie uns bitte beim Thema bleiben.“

Experten-Tipp

Ihr Verhandlungspartner stellt andauernd Fragen

Thematisieren Sie das. Achten Sie dabei darauf, dass Sie in Ich-Botschaften formulieren, und stellen Sie eine Gegenfrage. Dies wird „Metakommunikation" genannt.

Beispiel: „Ich erhalte ständig Gegenfragen und Vorwürfe. Das macht es für mich sehr schwer, mit Ihnen zu verhandeln. Gibt es etwas, was wir noch einmal grundsätzlich klären müssten, damit Sie bereit sind, mit mir konstruktiv zu verhandeln?"

Entweder-oder-Taktik

Zu schnellem Entschluss drängen

- Taktisches Vorgehen:
  Diese Taktik dient dazu, den Verhandlungspartner zu einer schnellen und vorgegebenen Lösung zu zwingen. Es wird darauf beharrt, dass nur die zwei Alternativen als Möglichkeiten infrage kommen.
  Beispiel: „Entscheiden Sie sich jetzt für die Position des Geschäftsführers, oder entscheiden Sie sich, es so zu belassen?“
- Taktische Reaktion:
  Schaffen Sie sich andere gangbare Möglichkeiten. Suchen Sie nach anderen Wegen, damit Sie mehr Entscheidungsspielraum haben. Viele Verhandlungen scheitern aus Mangel an Alternativen.
- Mögliche Reaktionen:
  - Beispiel 1: Sie lassen den Verhandlungspartner neue Wege erarbeiten.
    „Gibt es für Sie einen gangbaren Mittelweg?“
    „Schlagen Sie mir wenigstens einen Kompromiss vor, den Sie auch akzeptieren könnten.“
  - Beispiel 2: Sie schlagen selbst dem Verhandlungspartner Alternativwege vor.
    „Für mich wären folgende gangbare Wege denkbar ...“
  - Beispiel 3: Sie versuchen, gemeinsam neue Wege zu suchen.
    „Lassen Sie uns gemeinsam nach anderen Wegen suchen, damit wir vielleicht zufriedenstellendere Alternativwege zur Entscheidung haben.“

Experten-Tipp

Keine Eile nötig

Lassen Sie sich für die „alternative Lösungssuche“ genug Zeit. Benutzen Sie die Brainstorming-Methode von Seite 138.

Streit suchen mit „Wenn“ und „Aber“

Provozieren

- Taktisches Vorgehen:
  Dieses taktische Vorgehen dient dazu, den Verhandlungsprozess zu stoppen, um Zeit zu gewinnen. Verwechseln Sie dies allerdings nicht mit ehrlichen Bedenken einer Ihrer

Verhandlungspartner. Hier geht es um den Streit suchenden Verhandlungspartner.
„Wenn Sie das sagen, dann müssen Sie auch Folgendes berücksichtigen …“
„Da haben Sie zwar Recht, aber schauen Sie doch mal genauer in die Zahlen …“

- Taktische Reaktion:
Gehen Sie nur nicht in trotzige Gegenwehr. Bleiben Sie kühl und sachlich. Suchen Sie nach Punkten, in denen Sie einig sind, und dem gemeinsamen Nenner.
Beispiel: „Darf ich von Ihnen einmal konkret hören, wo Sie mit mir einig gehen?“
Wenn Sie merken, Sie kommen nicht weiter, betreiben Sie Metakommunikation. Achtung, Ich-Botschaften.
Beispiel: „Ich habe momentan den Eindruck, wir kommen nicht weiter. Es ist für mich extrem schwierig, mit Ihnen zu verhandeln, da ich ständig Gegenreaktionen bekomme. Gibt es irgendetwas, das wir klären müssten, damit wir produktiv weiterverhandeln können?“

Sachlichkeit entgegensetzen

Training 18: So entwaffnen Sie Ihren Verhandlungspartner

10 Min.

Sie stehen in einer ähnlichen Situation wie in der letzten Übung, S. 99. Seit zwei Jahren sind Sie in einem mittelständischen Unternehmen. Sie sitzen wieder mit drei Ihrer Kollegen zusammen und bilden ein Kompetenzteam zur Konzeption und Durchführung der nächsten Kick-off-Veranstaltung. Es geht darum, zu verhandeln, wer was organisieren soll.

Diesmal sucht ein Verhandlungspartner Streit mit Ihnen. Zum vierten Mal hat er nun Ihre Ideen mit Wenn und Aber abschmettern wollen. Hier nun sein fünfter Anlauf: „Wenn Sie einen Redner organisieren wollen, dann müssen Sie auch mit hohen Kosten rechnen!"

Wie entwaffnen Sie ihn?

Lösung 18: So entwaffnen Sie Ihren Verhandlungspartner

Natürlich könnten Sie aus der Haut fahren, denn mit seinen wiederholten Einwänden provoziert er Sie ja direkt zu einem emotionalen Ausbruch. Versuchen Sie aber trotz allem, ruhig zu bleiben, und stellen Sie ihm Gegenfragen, zum Beispiel: „Darf ich fragen, in welchen Punkten Sie mit mir einig sind? Was könnten Sie denn als Alternative anbieten?“

Aufschubtaktik

Ziel: Zeit gewinnen

- Taktisches Vorgehen:
  Der Klassiker: Einer der Verhandlungspartner möchte Zeit gewinnen und will erst später Stellung beziehen. Häufig liegt es daran, dass er noch Rücksprache halten muss und keine bedingungslose Entscheidungsbefugnis hat.
- Taktische Reaktion:
  Schlagen Sie erst einmal einen sofortigen Entscheid vor: „Lassen Sie uns das jetzt entscheiden.“ Wenn sich der Verhandlungspartner allerdings erneut Zeit einräumt, fragen Sie ruhig noch mal nach, warum; und ob noch Einwände und Zweifel bestehen. So können Sie diese eventuell ausräumen. Dann geben Sie dem Verhandlungspartner die Zeit. Er soll sich schließlich für das Richtige entscheiden und nicht schnell zu einer Entscheidung gezwungen werden.

Verwirrungstaktik

Aus dem Takt bringen

- Taktisches Vorgehen:
  Aussagen werden verdreht und in einem völlig falschen Sinn zu einer Schlussfolgerung verwendet, die etwas deutlich machen soll, das Sie nie zum Ausdruck gebracht haben.
- Taktische Reaktion:
  Behalten Sie einen kühlen Kopf, und versuchen Sie die Situation zu entwirren. Bleiben Sie dabei sachlich. Werden Sie keinesfalls ausfällig oder wütend. Zeigen Sie Erstaunen, dass aus Ihrer Aussage – die klar und unmissverständlich war – eine so völlig verfremdete Aussage gemacht wurde. Fragen Sie Ihren Verhandlungspartner, wie er dazu kommt, Ihre

Aussagen so verwirrt zu verknüpfen. „Wie kommen Sie denn dazu ...?“

Abblocken mit „Redemauer"

Reden ohne Punkt und Komma

- Taktisches Vorgehen:
  Diese Taktik dient dazu, den Verhandlungspartner nicht zu Wort kommen zu lassen. Das schafft man durch Dauerreden. Mit der Redemauer soll der Verhandlungspartner hingehalten werden, bis die Verhandlungszeit abgelaufen ist.
- Taktische Reaktion:
  Unterbrechen Sie den Verhandlungspartner frühzeitig. Beispiel: „Kommen Sie bitte mal zu einem Punkt. Ich möchte gerne meine Ansicht dazu äußern. So kommen wir zu keinem Ergebnis.“
  Notfalls fordern Sie Redezeiten ein oder lassen die Verhandlungen durch einen unparteiischen Moderator leiten.

Scheinstützentechnik

Hinterrücks durch die Brust ins Auge

- Taktisches Vorgehen:
  Diese Taktik ist sehr hinterhältig: Zuerst wird der Partner glaubhaft unterstützt, um ihn zu einem späteren Zeitpunkt unverhofft anzugreifen (Überraschungseffekt).
  - Beispiel 1: Ein Verhandlungspartner wird darin unterstützt, Aussagen zu machen (oder einen bestimmten Schritt zu tun), indem seine Äußerungen (oder dieser Schritt) durch stützende Argumentationen und Hintergrundinformationen des anderen Verhandlungspartners gestärkt werden. Diese Argumentationen und Hintergrundinformationen sollen den Verhandlungspartner dazu verleiten, „ins offene Messer zu laufen“. Denn der andere Verhandlungspartner wird diese (bisher unterstützten) Aussagen (oder diesen bisher unterstützten Schritt) dazu benutzen, um den Verhandlungspartner an anderer Stelle genau dafür anzugreifen.
  - Beispiel 2: Der Verhandlungspartner wird dazu ermutigt, etwas Illegales zu tun mit der Aussage, das wäre problemlos und legitim. In einer kommenden Situation wird er genau

für diese illegale Handlung angegriffen, obwohl er dazu verleitet worden ist.

Den tatsächlichen Vorgang aufrollen

- Taktische Reaktion:
  Behalten Sie einen kühlen Kopf. Kommen Sie zurück auf die erste Aussage, und versuchen Sie, den Wandel in der Gesinnung schrittweise nachzuvollziehen. Kommen Sie auf die stützenden Argumente zurück. Fragen Sie Ihren Verhandlungspartner, warum er Sie in Ihrer Aussage (Handlung) damals unterstützt hat.
  Vielleicht können Sie den Kauf oder den Vertragsabschluss noch rückgängig machen.
  Beispiel: „Ich war mir von vornherein unsicher, ob der Kauf legal ist. Erst Ihre unterstützende Aussage hat mich dazu verleitet, den Kauf zu tätigen. Selbstverständlich hätte ich diesen Kauf sonst nie vollzogen. Wieso haben Sie mich denn damals so schlecht beraten?"

Diffamierung (Ehrenkränkung)

Gezielt beleidigen

- Taktisches Vorgehen:
  Diese Taktik dient dazu, den Verhandlungspartner durch Verleumdung klein zu machen, zu kränken, um die eigene Position ins bessere Licht zu rücken.
  Die Vertreter der Gegenmeinung werden beleidigt: „Es ist jedem klar, dass Sie als einfache Mitarbeiter diese Zusammenhänge nicht erfassen können."
- Taktische Reaktion:
  Gehen Sie auf keinen Fall auf diese Ebene emotional ein. Führen Sie die Verhandlung ruhig auf der Sachebene weiter: „Auch wenn Sie den Stand der Mitarbeiter beleidigen, höre ich bei Ihnen (außer der Beleidigung) kein konkretes Argument, das gegen meine Ansicht spricht."
  Zeigen Sie Grenzen auf, wenn es zu weiteren Verleumdungen kommt: „Ich verbiete Ihnen diese Verleumdungen. So kann ich mit Ihnen nicht weiterverhandeln. Was genau bezwecken Sie damit?"

Pauschalisieren

Sinnlos verallgemeinern

- Taktisches Vorgehen:
  Diese Taktik dient dazu, die Argumentation des Verhandlungspartners durch Pauschalisierung zu widerlegen. Häufig fehlt es dann an wirklich stichhaltigen Argumenten.
  Beispiel für Verallgemeinerungen: „Die Mitarbeiter machen, was sie wollen."
- Taktische Reaktion:
  Nehmen Sie diese Pauschalisierungen nicht hin. „Können Sie dies verdeutlichen? Was genau meinen Sie mit dieser Pauschalisierung?"

Schlagworte

Fehlende Argumente täuschen

- Taktisches Vorgehen:
  Auch diese Taktik dient dazu, die Argumentation des Verhandlungspartners zu widerlegen. Schlagworte sind vielfach Ersatz für mangelnde stichhaltige Argumente. Beispiel: „Lernen muss wehtun!"
- Taktische Reaktion:
  Agieren Sie mit Rückfragen. „Bei welchen Lernprozessen haben Sie unter Schmerzen leichter gelernt?" „Was bedeutet für Sie ‚wehtun'?"

An Tradition und Erfahrung appellieren

„Es war schon immer so ..."

- Taktisches Vorgehen:
  Diese Taktik dient dazu, bisherige Lösungswege beizubehalten. Es hat ja bisher gut funktioniert. Man nennt dies „Funktionsoptimierung". Beispiel: „Wir haben das bisher immer so gemacht, das hat sich bewährt ..."
- Taktische Reaktion:
  Erfahrungsargumente sind prinzipiell sehr wichtig, aber es ist gefährlich, wenn Erfahrung und Tradition – ohne hinterfragt werden zu dürfen – als Argumente eingesetzt werden.
  Sie dürfen in dieser Situation keinesfalls blind dagegen argumentieren. Die bisherige Verfahrensweise hat ihren Nutzen gehabt und funktioniert. Respektieren Sie diese alte

Verfahrensweise, aber betonen Sie auch die Chancen und die Wichtigkeit einer Veränderung (Prozessmusterwechsel).
Beispiel:
„Es ist gut, dass sich das bewährt hat. Nun müssen wir aber darüber reden, ob sich dieses Vorgehen heute auch noch eignet, um einen optimalen Weg zu gehen."

Emotionalisieren

An das Gefühl appellieren

- Taktisches Vorgehen:
  Diese Taktik dient dazu, den Verhandlungspartner emotional zu erpressen. Der Verhandlungspartner versucht, durch das Vorgeben von Emotionen seine Ziele zu erreichen.
  Beispiel: „Was glauben Sie, wie viele arme Menschen durch diese Aktion leiden müssen? Wehren können sich die gebrechlichen, alten Menschen und vor allem die kleinen Kinder nicht."
  Diese Taktik ist nicht zu verwechseln mit dem Einbringen von echten Emotionen.

Hier ist Sachlichkeit gefordert

- Taktische Reaktion:
  Diese Taktik ist heimtückisch. Passen Sie auf, dass Sie sich nicht den schwarzen Anzug anziehen, der Ihnen hier überreicht wird. Gehen Sie aber aus diesem Grunde auch nicht dem Verhandlungspartner nach, denn genau das bezweckt er damit. Seien Sie wachsam. Behalten Sie einen kühlen Kopf. Sie haben folgende Handlungsalternativen:
  1. Alternative: Bitten Sie um sachliche Begründungen und Fakten.
  Beispiel: „Darf ich Sie bitten, die Ablehnung dieser Vorlage sachlich zu begründen?"
  2. Alternative: Holen Sie den Verhandlungspartner auf den Teppich.
  Beispiel: „Das Szenario, das Sie hier aufzeigen, ist ja sehr bitter und will sicherlich keiner. Lassen Sie uns einmal ganz realistisch die Chancen und Risiken der Vorlage diskutieren. Die Chancen können wir nutzen, die Risiken minimieren."
  3. Alternative: Setzen Sie notfalls Grenzen.

Wenn das Emotionalisieren dann kein Ende nimmt, gehen Sie auf Metakommunikationsebene mit Ich-Botschaften. Beispiel: „Ich empfinde es momentan als sehr schwierig, mit Ihnen inhaltlich zu verhandeln. Ihre Emotionalisierungen machen es kaum möglich, auf dem Boden der Tatsachen zu bleiben. Ich kann mir vorstellen, dass auch Ihnen daran gelegen ist, Ihre Position deutlich zu machen. Aber bitte vertreten Sie sie mit stichhaltigen Argumenten und Tatsachen. Dann bin ich auch gerne bereit, diese mit Ihnen zu diskutieren und zu verhandeln."

Ausweichen mit einem Gag

Clownereien

- Taktisches Vorgehen:
  Diese Taktik dient dazu, vom eigenen Thema abzulenken, um auf ein neues auszuweichen.
- Taktische Reaktion:
  Danken Sie dem Verhandlungspartner für die Auflockerung, aber bitten Sie ihn um Stellungnahme.
  Beispiel: „Vielen Dank für die Auflockerung. Zurück zum Thema, wie ist Ihre Ansicht dazu …?"
  Notfalls müssen Sie den Verhandlungspartner mehrfach dazu ermahnen, zum Thema zurückzukommen. Sollte es überhand nehmen, gilt auch wieder die Methode: Gehen Sie auf die Metakommunikationsebene mithilfe von Ich-Botschaften.
  Beispiel: „Für mich ist es sehr schwierig, mit Ihnen zu verhandeln. Sie lenken ständig mit Ihrem Humor vom Thema ab. Warum tun Sie das? Ich bitte Sie, nun beim Thema zu bleiben."

Isolierung

Eines für alles

- Taktisches Vorgehen:
  Diese Taktik dient zur Verschleierung der gesamten Situation. Bei einem Sachverhalt wird nur ein Faktor herausgegriffen und dieser dann stellvertretend für das Gesamte diskutiert. Unredlich ist diese Argumentationstaktik in Kombination mit der Ausweichargumentation.

Beispiel: „Aus Zeitmangel möchte ich den Aspekt Y herausgreifen."

So drehen Sie den Spieß um

- Taktische Reaktion:
  Sie können dieses taktische Verhalten wunderbar zu Ihrem Nutzen ausbauen.
  Beispiel: „Sie haben sich in Ihrem Votum nur auf einen Aspekt beschränkt. Darf ich annehmen, dass Sie in allen anderen Punkten mit mir übereinstimmen?"
  Entweder ist der Verhandlungspartner mit Ihren Punkten einverstanden, dann achten Sie darauf, dass dies auch gültig ist. Das bedeutet zum Beispiel, dass der Sachverhalt genau so protokolliert wird.
  Oder der Verhandlungspartner nennt die strittigen Punkte, bei denen es sich lohnt, in Verhandlung zu gehen.

Verschleierungstaktik

Mit verdeckten Karten spielen

- Taktisches Vorgehen:
  Die Verschleierungstaktik wird immer dann angewandt, wenn etwas verschwiegen werden soll.
  Beispiel: Sie sind in einer Verhandlung und stellen einen Tatbestand infrage. Ihr Verhandlungspartner kontert mit: „Man hat es geprüft."
  Was hat der Verhandlungspartner verborgen gehalten?
  - Es wird verschleiert, wer geprüft hat.
  - Es bleibt verschleiert, was genau geprüft wurde.
  - Es wird verschleiert, wie geprüft wurde.
  - Es wird verschleiert, wann geprüft wurde.
- Taktische Reaktion:
  Scheuen Sie sich nicht nachzufragen. Verschaffen Sie sich einen Überblick. Prüfen Sie die Aussage mit höflichen Nachfragen.
  Beispiel: „Aha, es wurde geprüft. Was genau waren denn Ihre Prüfkriterien? Ein paar Fragen für mich zum näheren Verständnis:
  - Wer hat das geprüft?
  - Wann wurde das geprüft?
  - Welches waren die Prüfkriterien?

– Wie wurde das geprüft?“

Stellen Sie die Fragen nicht einfach nacheinander, sondern warten Sie jeweils die Antwort ab, sonst sind es zu viele Fragen auf einmal.

Training 19: Setzen Sie Ihre taktischen Fähigkeiten ein

15 Min.

In dieser Übung sind mehrere Situationen beschrieben. Überlegen Sie,

a) welche taktische Vorgehensweise beschrieben wird.

b) wie Sie als möglicher Verhandlungspartner gegensteuern würden.

Situationsbeschreibung 1:
Stellen Sie sich vor, Sie sind in einer Verhandlung und der Verhandlungspartner redet unentwegt. Sie kommen nicht zu Wort. Die Verhandlungszeit ist beschränkt.

Situationsbeschreibung 2:
Sie sind seit zwei Jahren Projektleiter im Unternehmen. Sie möchten neue Wege gehen. Sie führen eine Verhandlung mit der Geschäftsführung. Der Geschäftsführer blockt ab mit den Worten: „Wir haben das schon immer so gemacht."

Situationsbeschreibung 3:
Sie verhandeln mit dem Personalleiter eines mittelständischen Unternehmens. Es geht um den Einsatz von Personalchoaches, um einige Führungskräfte zu unterstützen.

Der Personalleiter kennt einen Fall aus dem letzten Jahr, bei dem ein Kollege schlechte Erfahrungen im Coaching gemacht hat.

Lösung 19: Setzen Sie Ihre taktischen Fähigkeiten ein

Wenn Sie die destruktiven Taktiken genau durchgearbeitet haben, wird Ihnen die Beantwortung sicherlich nicht schwer gefallen sein.

- Situation 1:
  Die beschriebene Taktik ist „Abblocken mit Redemauer".
  Unterbrechen Sie den Verhandlungspartner frühzeitig.
- Situation 2:
  Die beschriebene Taktik ist „An Tradition und Erfahrung appellieren".
  Respektieren Sie den bisherigen Weg, und zeigen Sie die Notwendigkeit und die Chancen auf, neue Wege zu gehen.
- Situation 3:
  Die beschriebene Taktik ist die „Induktionstaktik".
  Betonen Sie, dass es sich hier um ein Einzelbeispiel handelt. Lassen Sie sich auch erklären, was damals schief gelaufen ist, da Sie als Fachmann ja genau diesen Fehler nicht mehr begehen wollen. Stellen Sie jetzt ein Gegenbeispiel.

Die Opfer-Retter-Verfolger-Taktik

In diesem Kapitel möchte ich Sie mit einer Taktik konfrontieren, die bei sehr vielen Verhandlungen eingesetzt wird.
Ich erkenne diese Taktik immer wieder in verschiedenen Verhandlungssituationen, wenn ich selbst als Moderator eingesetzt werde, um Verhandlungen zu begleiten.

Das Dramadreieck

Bekannt ist dieses Verhalten auch als „Dramadreieck". Das Dramadreieck ist ein psychologisches und soziales Modell der Transaktionsanalyse, das zuerst von Stephen Karpman beschrieben wurde. Wir sind in unserem Alltag sehr stark von TV-Rollenmustern geprägt. Die klassischen Rollen fast jeder Hollywood-Filmproduktion sind:

- der heldenhafte Retter,
- der böse Verfolger (Täter),
- das arme Opfer.

Genau diese Rollen finden Sie in vielen Verhandlungssituationen wieder.

Das Rollenspiel dominiert den Inhalt

Wenn Sie als Verhandlungspartner in eine der Rollen schlüpfen, laufen Sie Gefahr, in eine „Endlosschleife" zu kommen, da dieses „Spiel" nie endet. Es geht auch nicht mehr um die tatsächlichen Inhalte, sondern um das Rollenspiel.

Im ersten Schritt möchte ich Ihnen zunächst die drei Rollen beschreiben, die in diesem „Spiel" vorkommen. Dann zeige ich Ihnen das Rollenspiel anhand eines Fallbeispiels. Im Weiteren erfahren Sie auch, wie Sie aus dem Rollenspiel aussteigen können und präventiv den Rollen vorbeugen.

Vorstellung der Rollen

Nutzen und Risiken der Opferrolle

- Das arme Opfer
  Dieser Person geht es schlecht. Sie fühlt sich klein, dumm, unterlegen und sucht nach Hilfe.
  - Diesen Nutzen haben die Opfer-Rollenspieler:
    Das Opfer bekommt häufig Streicheleinheiten von außen – das arme Opfer.
  - Diese Risiken haben die Opfer-Rollenspieler:
    Opfer verharren häufig in ihrer Opferhaltung und suchen somit immer wieder Hilfe. Sie fühlen sich auf diese Hilfe angewiesen.
    Die Folge ist, dass sie wenig Eigeninitiative entwickeln und selten Erfolgserlebnisse aus eigener Kraft schaffen und sich so immer weniger Selbstbewusstsein entwickeln kann.

Stets zur Stelle: der Retter

- Der heldenhafte Retter
  Diese Person ist sehr fürsorglich und braucht Opfer (wie die Opfer den Retter). Meist nehmen diese Personen die Retterrolle ungefragt ein und stellen ihre eigenen Bedürfnisse zurück. Dieses Verhalten ist zu unterscheiden von Positionen echter Hilfe. Dem Retter geht es nicht wirklich um nachhaltige Unterstützung des Opfers – nein, ihm geht es um die Heldenrolle, in der er sich wohl fühlt.
  - Diesen Nutzen haben die Retter-Rollenspieler:
    Retter fühlen sich meist heldenhaft und gewinnen somit an Selbstbewusstsein.

- Diese Risiken haben die Retter-Rollenspieler:
  Retter vergessen in Verhandlungen meist ihre eigenen Bedürfnisse. Sie laufen auch Gefahr, irgendwann selbst zum Opfer zu werden, nämlich wenn Opfer und Verfolger sich vereinen. Dann werden die Rollen neu gemischt.

Täter: Aggressor ohne Chance

- Der böse Verfolger (Täter):
  Der Verfolger zeigt dem Opfer seine Überlegenheit durch oft unsachliche Kritik oder persönlich abwertende Rüge.
  - Diese Chancen haben die Verfolger-Rollenspieler:
    Die Verfolger haben in dem Rollenspiel keine Chancen.
  - Diese Risiken haben die Verfolger-Rollenspieler:
    Verfolger sind die Bösen in dem Rollenspiel und werden in der Regel von dem Retter gemaßregelt.
    Die Rolle des „Bösewichts" ist zugegebenermaßen eine der schlechtesten im Hollywoodfilm. Wer möchte sich damit identifizieren? Meist fühlen sich die angeblichen Verfolger selbst als Opfer des Rollenspiels und nehmen entweder diese Rolle „jetzt erst recht" an (Trotzreaktion auf Ungerechtigkeit) oder nehmen innerhalb kurzer Zeit die Rolle des Opfers ein (Konter und Gegenaktion – „Ich möchte jetzt auch gerettet werden.") Dann werden die Rollen neu gemischt. Das Opfer wird zum Verfolger. Der Täter wird zum Opfer.

Die Rollen in einem Fallbeispiel

Die Rollenverteilung in einem Unternehmen

Herr Franz und Frau Kitte sind Verkäufer in einem großen Modehaus. Herr Franz ist seit vier Jahren, Frau Kitte seit einem Jahr Verkäufer in der Herrenhemden-Abteilung. Abteilungsleiterin ist seit einem halben Jahr Frau Jens. Sie ist eine Aufsteigerin aus den eigenen Reihen. Sie arbeitet seit zehn Jahren im Modehaus und hat sich seit ihrer Ausbildung dort einen guten Ruf erarbeitet.

Frau Jens will natürlich in ihrer neuen Rolle als Abteilungsleiterin nichts falsch machen und hat sich in Führungskräftetrainings auf schwierige Führungssituationen gut vorbereitet.

Vor vier Wochen gab es dicke Luft in ihrer Abteilung. Herr Franz hatte Frau Kitte als unkollegial bezeichnet. Er war der

Meinung, Frau Kitte würde gegen ihn arbeiten. Sie hätte ihm vor Kunden mehrfach widersprochen. Frau Kitte konterte und bezichtigte Herrn Franz der Unfähigkeit im Umgang mit Kunden und Kritikunfähigkeit im Umgang mit Mitarbeitern. Herr Franz fühlt sich schlecht und ungerecht behandelt.

Theorie und Praxis

Frau Jens war alarmiert. Nun konnte sie ihr neu erworbenes Wissen in der Praxis erproben: „Verhandlungssituationen im Konfliktfall". Sie bat die beiden Mitarbeiter zu einem Gespräch mit der Begründung: „Wir müssten mal ein Wörtchen miteinander reden."

Mittwochnachmittag saßen nun Frau Kitte und Herr Franz mit Frau Jens in der Betriebskantine. Frau Jens eröffnete das Gespräch mit wohlwollenden Worten, die Zusammenarbeit verbessern zu wollen. Sie schilderte eine Situation der vergangenen Tage, bei der Herr Franz und Frau Kitte sich vor den anderen Kollegen gestritten hätten.

Herr Franz durfte als Erster seine Position erklären. Er fühlte sich von Frau Kitte unfair und ungerecht behandelt. Danach sollte Frau Kitte ihre Position erklären. Sie fand die Art und Weise, wie Herr Franz auf Kunden zuginge, zu unverbindlich und wies die Kritik von Herrn Franz zurück, sie solle sich erst einmal an die eigene Nase fassen, denn ihre Kritik sei berechtigt. Frau Jens meinte sehr schnell die Situation erkannt zu haben. Ihrer Meinung nach sollte Frau Kitte respektvoller mit Herrn Franz umgehen. Sie maßregelte deshalb Frau Kitte, indem sie sie bat, dieses Verhalten sofort zu unterlassen.

Zwei Wochen nach diesem Gespräch steht Frau Kitte mit Tränen in den Augen vor Frau Jens. Sie fühlt sich von Herrn Franz nicht mehr wahrgenommen.

Training 20: Gut verhandelt?

10 Min.

Betrachten Sie das Rollenspiel: Was hat Ihrer Meinung nach Frau Jens versäumt oder falsch gemacht? Welche Alternativen gäbe es?

Lösung 20: Gut verhandelt?

Wenn Sie noch einmal das Fallbeispiel durchgehen, erkennen Sie, an welchen Stellen Frau Jens nicht gut verhandelt hat:

- Frau Jens lädt Frau Kitte und Herrn Franz zu dem Termin ein, ohne konkret den Gesprächsinhalt zu nennen. Das führt zu Unsicherheit.
  Besser wäre es, wenn Frau Jens bei der Einladung anspricht, worum es in dem Gespräch gehen wird.
- Frau Jens lässt die verschiedenen Positionen schildern. Das führt zu gegenseitigen Anschuldigungen und Vorwürfen.
  Besser ist, nach Interessen zu fragen und sie zu schildern.

Der Schlüssel zur erfolgreichen Vermittlung: neutral bleiben

- Frau Jens lässt die beiden nicht verhandeln, sondern spielt sich als Retterin von Herrn Franz auf. Sie geht dem Konflikt nicht auf den Grund.
  Das hat zur Folge, dass sich Frau Kitte in diesem Fall ungerecht behandelt und nicht wahrgenommen vorkommt. Sie fühlt sich zu Unrecht von Frau Jens gemaßregelt. Das führt dazu, dass sie nun selbst die Opferrolle einnimmt.
  Besser wäre es, wenn Frau Jens die Neutralität wahren und nicht vorschnell in die Verhandlung eingreifen würde. Die Lösungen sollten auch von den beiden „Streitenden“ kommen. Eine ausführliche Anleitung für das Moderieren in solchen Fällen finden Sie auf Seite 160.

Die Rollen sind vertauschbar

Das Rollenspiel können die drei Personen nun endlos in den unterschiedlichsten Varianten weiterspielen. Doch zu einem befriedigenden Ziel kommen alle Beteiligten nicht. Es kann vielleicht sogar so weit kommen, dass sich Frau Kitte und Herr Franz verbünden und Frau Jens zum Opfer machen: „Von wegen, was spielt die sich denn hier eigentlich auf!“
Dieses Rollenverhalten gibt es an unterschiedlichsten Plätzen: in Unternehmen wie diesem Modehaus oder in privaten Beziehungen wie Freundschaften beziehungsweise Familien.

So schaffen Sie es, in Verhandlungen aus dem Rollenspiel auszubrechen

Schritt 1: Erkennen Sie Ihre eigene Spielposition – Reflektieren Sie sich selbst.
Der erste Weg, aus diesem Spiel auszubrechen, ist das Erkennen der eigenen Rolle. Fragen Sie sich: Welche Rolle nehmen Sie in Verhandlungssituationen vorwiegend ein?

Rollenanalyse

Schritt 2: Analysieren Sie Ihre Rolle:

1. Wie kam es zu dieser Rolle?
2. Welchen Nutzen und welche Risiken/Nachteile haben Sie durch diese Rolle?
3. Welche Rolle besetzen die anderen?
4. Welchen Nutzen haben die anderen durch Ihr Rollenspiel?

Die Rolle hinter sich lassen

Schritt 3: Sie können aus dem Rollenspiel aussteigen, indem Sie:

- unerwartete Antworten geben, die gerade nicht Ihrem Rollenspiel entsprechen.
  Beispiel Opfer: „Lassen Sie uns doch mal konstruktiv überlegen, welche gemeinsamen Lösungsmöglichkeiten uns in dieser Situation weiterbringen."
- die Verhandlung inhaltlich strukturieren. Benutzen Sie die Leitfäden von Seite 25 und 70.
- Ihr Ziel im Auge behalten, notfalls den Verhandlungspartner zum Thema zurückholen.
- Gefühle, Bedürfnisse und Wünsche direkt ausdrücken. Verfallen Sie dabei allerdings nicht in eine Rolle. Gefühle können Sie auch inhaltlich mitteilen, ohne in die Opferrolle zu steigen.
- fragen, welche Erwartungen der andere an Sie hat, statt einfach zu agieren.
- die psychologische Ebene wahrnehmen und thematisieren. Damit ist gemeint, dass Sie das bisherige Spiel aufdecken und thematisieren. „Wollen wir mal mit dem Spiel aufhören, das wir gerade spielen …?"

Experten-Tipp

Die beste Art, Spiele zu unterbrechen, ist, seine eigenen Ziele zu verfolgen!

Hören Sie auf,

- den Retter zu spielen, das heißt, denen zu helfen, die keine Hilfe brauchen.
- den Verfolger zu spielen, das heißt, Leute zu kritisieren, die keine Kritik brauchen.
- das Opfer zu spielen, das heißt, sich hilflos und abhängig zu machen, obwohl Sie sehr wohl auf eigenen Füßen stehen könnten.

Erfolgreich mit Einwänden umgehen

Der Umgang mit Einwänden gehört zu den größten Herausforderungen für Verhandlungsgespräche. In diesem Kapitel lernen Sie Techniken kennen, wie Sie souverän auf Einwände reagieren können.

Prinzipiell möchte ich festhalten: Einwände sind Signale für eine Kaufentscheidung. Wer Einwände hat, zeigt grundsätzliches Interesse.

Wenn Sie gezielte Einwände behandeln, steht einem positiven Abschluss nichts im Wege. Die meisten Menschen lehnen ein Angebot zuerst einmal ab, bevor sie zustimmen. Also keine Angst vor Einwänden. Sie gehören zu Verhandlungen dazu.

Experten-Tipp

Regeln für den erfolgreichen Umgang mit Einwänden

- Erwarten und begrüßen Sie Einwände. Bestätigen Sie Ihr Gegenüber. Sagen Sie ihm, dass der Einwand ein guter Gedanke ist.
- Versuchen Sie, angemessen mit dem Einwand umzugehen. Überlegen Sie sich ein schlagkräftiges Argument, das den Einwand entkräftet.
- Bemühen Sie sich, Ihren Verhandlungspartner zu verstehen. Fragen Sie nach!
- Ergründen Sie den wirklichen Einwand. Fragen Sie auch tiefergehend. Zum Beispiel: „Welche Bedenken (Ängste oder Einwände) haben Sie?"
- Hören Sie richtig zu!

Die fünf Schritte zum Umgang mit Einwänden

Es gibt eine Art Anleitung, wie Sie Einwänden begegnen können. Dieses Grundmuster, bestehend aus fünf Schritten, sollten Sie sich unbedingt aneignen, denn in so gut wie jeder Verhandlung werden Sie mit Einwänden konfrontiert sein.

CD-ROM

Einwänden begegnen

1. Hören Sie sich den Einwand wirklich an.
2. Versichern Sie sich, ob Sie es richtig verstanden haben, indem Sie den Einwand mit eigenen Worten wiederholen.
3. Bestätigen Sie den Einwandgeber.
4. Bieten Sie Lösungen an, und entkräften Sie den Einwand.
5. Überprüfen Sie, ob Sie den Einwand wirklich ausgeräumt haben.

So können Sie Einwänden vorbeugen

Es ist nicht immer so offensichtlich, warum eine Verhandlung scheitert:

- Haben beide Parteien die gleiche Vorstellung vom Verhandlungsgegenstand?
- Sind Sie sich sicher, welche Position Sie selbst vertreten? Erinnern Sie sich an das Kapitel „So klären Sie Ihre Position", und versuchen Sie, die erworbenen Kenntnisse hier einzusetzen.
- Ist Ihnen und Ihrem Verhandlungspartner bewusst, ob Sie das gleiche Ziel verfolgen?
- Haben Sie verschiedene Vorstellungen davon, wie Sie das gemeinsame Ziel erreichen können?
- Existieren nicht schon im Vorfeld Einwände, weil das Ziel unterschiedlich definiert ist?

Perspektivwechsel

Sie können sich vor einer Verhandlung auf Einwände vorbereiten, indem Sie die Seite des Schreibtischs wechseln und einmal die Perspektive Ihres Verhandlungspartners einnehmen. Versetzen Sie sich in seine Lage, und überlegen Sie, welche Einwände er wohl haben könnte.

Handlungsanweisungen bei Einwänden

Schreiben Sie alle Einwände auf.

- Formulieren Sie für jeden einzelnen Einwand Antworten mit einer passenden Argumentation.
- Stellen Sie sich einen Werkzeugkoffer voll mit möglichen Argumenten zusammen, die Ihre jeweiligen Antworten verstärken und unterstützen.
- Setzen Sie sich einen Tag vor der Verhandlung mit einem Kollegen zusammen, und spielen Sie in einem Rollenspiel die verschiedenen Einwände und möglichen Antworten durch.
- Wenn Sie sich Antworten auf mögliche Einwände im Voraus erarbeitet haben, testen Sie sie in der Praxis.
- Je nachdem, wie Ihr Verhandlungspartner reagiert, ändern Sie Ihre Antworten entsprechend.
- Suchen Sie sich Kollegen oder Bekannte, mit denen Sie regelmäßig mögliche Einwände und Ihre Antworten durchsprechen können.

Einwände im Vorfeld nennen

Es gibt noch eine andere Möglichkeit, Einwänden vorzubeugen: Nehmen Sie Ihrem Verhandlungspartner die Einwände vorweg, indem Sie sie bereits zu Beginn der Verhandlung ansprechen. So können Sie die Verhandlung lenken und schneller und leichter eine Lösung herbeiführen. Diese Methode eignet sich dann am besten:

- Wenn Sie wissen, dass Ihre Position offensichtliche Nachteile hat und die Einwände sowieso kommen werden.
- Wenn Sie wissen, dass Ihr Gesprächspartner immer einen bestimmten Einwand vorbringt.
- Wenn Sie schon zu Beginn Spannung aus einem Gespräch nehmen möchten, weil es in der Vergangenheit zu Problemen in der Zusammenarbeit gekommen ist.

Allerdings gehen Sie bei dieser Methode davon aus, dass Sie die Einwände des Verhandlungspartners kennen und mit ihm darüber sprechen werden. Es kann jedoch auch sein, dass dies reine Projektion ist und Ihr Verhandlungspartner den betreffenden Einwand gar nicht hat.

Prüfen Sie also vorab, ob Ihre Erwartungen von möglichen Einwänden reine Vermutungen sind oder ob Sie wirklich sicher sein können, dass Ihr Verhandlungspartner diesen Einwand hat.

Prüfen Sie Ihre Vermutungen

Experten-Tipp

Stellen Sie keine Negativfragen wie: „Was sind Ihre Einwände? „Welche Risiken sehen Sie?" Oder: „Was gefällt Ihnen nicht?" Das nötigt Ihren Verhandlungspartner ja schon fast dazu, kritischer zu werden, als er eigentlich ist.

Agieren Sie mit neutraleren Fragen, zum Beispiel:

- „Wie zufrieden sind Sie mit ...?"
- „Was halten Sie von ...?"

Erst wenn Sie aufgrund eindeutiger Indizien wissen, dass Ihr Verhandlungspartner bestimmte Einwände hat, dann räumen Sie diese am besten gleich aus.

Training 21: Auf Einwände richtig reagieren

15 Min.

Stellen Sie sich vor, Sie sind Verkäufer und hören in einer Verkaufsverhandlung die folgenden Einwände.

Versuchen Sie, möglichst positiv auf die Einwände zu reagieren.

1. Nachdem wir schon so viel Zeit und Geld in die Entscheidungsfindung gesteckt haben, sind wir an keinem weiteren Angebot interessiert. Die Entscheidung ist so gut wie gefallen.
2. Ihr Firmensitz ist uns zu weit weg.
3. Wir kaufen ausschließlich bei einem Ihrer Wettbewerber.
4. Ihre Lieferzeiten sind uns zu lang.
5. Sie wollen mir doch nur etwas verkaufen.
6. Ich kenne Ihre Firma doch gar nicht.
7. Ich habe schlechte Erfahrungen mit Ihrer Firma gemacht.
8. Ich möchte erst noch weitere Anbieter anhören.

Lösung 21: Auf Einwände richtig reagieren

Sie haben sicherlich ganz individuelle Antworten gefunden. Meine Vorschläge:

1. „Ich habe Verständnis für Ihre Bedenken und möchte Sie deshalb etwas fragen: Wie muss denn ein für Sie unwiderstehliches Angebot aussehen, damit es für Sie doch noch einmal infrage kommt?“

Auf den Kunden eingehen

2. „Ich kann Ihre Haltung gut nachvollziehen. Wir haben das Problem erkannt, und genau darum bin ich Ihr Ansprechpartner vor Ort. Lassen Sie uns gemeinsam feststellen, inwieweit es für Sie interessant ist, mit uns zusammenzuarbeiten.“
3. „Das ist ein ehrliches Wort. Auch wir wissen langfristige Geschäftsbeziehungen zu schätzen. Welchen Vorteil müssen wir Ihnen denn bieten, um mindestens so interessant wie dieser Mitbewerber zu sein?“
4. „Danke für Ihre Offenheit. Sagen Sie mir doch bitte, zu welchem Zeitpunkt genau Sie die Ware benötigen, und ich verspreche Ihnen, ich werde zu einem persönlichen Gespräch eine Lösung mitbringen.“
5. „Ich bin sicher nicht über einen Auftrag böse. Aber das muss nicht unbedingt hier und jetzt sein, denn ich kenne Ihre Anforderungen ja noch gar nicht. Welche Anforderungen stellen Sie an einen Lieferanten?“
6. „Das ist richtig, und genau deshalb bin ich hier. Mir geht es um den Kontakt zu Ihnen. Wir sind ein Unternehmen, das sich sehr genau an den Wünschen seiner Kunden orientiert, und darum gestatten Sie mir die Frage: Wie muss ein Unternehmen unserer Art im Bedarfsfall aussehen, bei dem Sie dann gern Kunde werden?“
7. „Das bedaure ich sehr und möchte persönlich Ihr Vertrauen zurückgewinnen. Was kann ich dafür tun?“
8. „Das kann ich nachvollziehen. Da ich mich hundertprozentig an Ihren Wünschen orientieren möchte, sagen Sie mir doch bitte: Was fehlt Ihnen noch an unserem Angebot, um uns/mir den Auftrag zu erteilen?“

Die Ausstiegsalternative

Ich habe Sie in diesem Buch mit verschiedenen Techniken und Arten vertraut gemacht, wie Sie eine Verhandlung erfolgreich führen können. Diese Techniken beruhen darauf, dass ein einigermaßen ausgeglichenes Machtverhältnis besteht. Wenn dies einmal nicht der Fall sein sollte, was durchaus im Bereich des Möglichen liegt, sind die vermittelten Techniken nicht zwingend erfolgreich oder gar sinnvoll. Wenn die Gegenseite einfach deutlich stärker ist, sollten Sie ernsthaft überlegen, ob nicht ein Ausstieg aus den Verhandlungen für Sie die sinnvollste Lösung darstellt. Diese Entscheidung treffen zu können ist genauso wichtig wie später in der Verhandlung die richtigen Strategien parat zu haben. In manchen Fällen mag es einfach besser sein, es gar nicht zu richtigen Verhandlungen kommen zu lassen, da keine beiderseits befriedigende win-win-Situation hergestellt werden kann.

Möglichkeiten zum Abbruch

Haben Sie sich nun zum Abbruch der Verhandlungen entschieden, bleiben Ihnen verschiedene Möglichkeiten:

Einigung

- Beispiel 1: Abbruch und Einigungsverfahren über Dritte
  Die Abteilungsleiter können sich nicht einigen, wie sie mit dem Bonus-Belohnungssystem umgehen.
  Die Ausstiegsalternative wäre, es von der Geschäftsführung entscheiden zu lassen.

Nichts ändert sich

- Beispiel 2: Abbruch, und alles bleibt beim Alten
  Ein Mitarbeiter möchte einen anderen Aufgabenbereich übernehmen. Er verhandelt mit seinem Chef. Es kommt zu keiner Einigung.
  Diese „Nichteinigung“ hat keine Folgen. Es bleibt also alles beim Alten.

Mit Folgen

- Beispiel 3: Abbruch und schwerwiegende Folgen
  Zwei Geschäftsführer kommunizieren über strategische Entscheidungen der Unternehmensführung. Es kommt zu einer Pattsituation. Eine Einigung ist nicht möglich.
  Nun muss verhandelt werden, wie dies nach außen kommuniziert wird (Mitarbeiter, Kunden …).

Aus diesen verschiedenen Möglichkeiten wählen Sie die so genannte „Beste Ausstiegsalternative“. Diese Alternative zeigt Ihnen auf, wie Sie nach einem Abbruch der Verhandlungen weiter verfahren können.

Experten-Tipp

Den Ausstieg schon im Voraus einplanen

Zu einer guten Verhandlungsstrategie gehört es, dass Sie in der Vorbereitung nicht nur das Gelingen beziehungsweise das Scheitern einer Verhandlung einbeziehen, sondern dass Sie sich auch schon im Vorfeld eine „Beste Ausstiegsalternative" überlegen.

„Beste Ausstiegsalternative"

Sollten Sie in die Situation geraten, dass ein Abbruch der Verhandlungen als der einzig sinnvolle Ausweg erscheint, dann ist es gut, wenn auf ein zuvor überlegtes Szenario zurückgegriffen werden kann. Wenn Sie sich im Vorhinein überlegt haben, wie im Falle eines Ausstiegs Ihre beste Alternative aussieht, dann kommen Sie nicht in die unangenehme Situation, in einer schwierigen Lage plötzlich eine gute Alternative aus dem Hut zaubern zu müssen. Um die „Beste Ausstiegsalternative“ zu ermitteln, sind Zeit und Ruhe nötig. Sie müssen schließlich genau abwägen, welche der möglichen Alternativen für Sie die beste ist. Während einer stressigen und unter Umständen für Sie nicht positiv verlaufenden Verhandlung sind Sie damit leicht überfordert. Machen Sie sich deshalb schon im Stadium der Vorbereitungen Gedanken über Ihre Strategie, und beziehen Sie dabei den möglichen Ausstieg aus der Verhandlung ein. Werden Sie sich über die möglichen Alternativen der Gegenseite klar. Sie können Ihre eigene Strategie besser ausarbeiten, wenn Sie das mögliche Verhalten Ihrer Gegenseite mit beachten. Dies ist wesentlich schwieriger und komplizierter, als die eigenen Alternativen zu entwickeln, einen Versuch ist es aber durchaus wert. Ob Sie die Gegenseite von Ihrer eigenen „Besten Ausstiegsalternative“ in Kenntnis setzen, hängt von der Offenheit und Transparenz der Verhandlung ab. Arbeiten Sie mithilfe eines Moderators, ist es sehr sinnvoll, alle beteiligten Parteien über Ihre Alternative zu informieren.

Verhandeln Sie gekonnt – meistern Sie einen Konflikt

In Verhandlungen gibt es immer wieder Situationen, die ganz harmlos begannen, sich dann aber zunehmend zu einem handfesten Streit entwickeln. In diesem Kapitel erfahren Sie, welche ersten Anzeichen es dafür gibt und wie ein sich zuspitzender Konflikt bewältigt werden kann.

Frühwarnsignale für schwierige Verhandlungssituationen

Sicherlich merken Sie in Verhandlungen, wenn eine Situation aus dem Ruder läuft. Wenn Sie aber darin noch nicht so gewandt sind, finden Sie hier eine Aufzählung der klassischen Signale, die auf eine Schräglage hindeuten:

Signal Körpersprache

- Abwehrende oder desinteressierte Körpersprache: Ihr Verhandlungspartner wendet sich ab.
- Nicht mehr Zuhören: Ihr Verhandlungspartner fängt an, zwischendurch jemand anderen anzurufen.
- Diskussionsbeiträge unterbrechen: Ihr Verhandlungspartner unterbricht Ihren Redebeitrag.
- Mimische Reaktionen wie zum Beispiel Stirnrunzeln oder mitleidiges Lächeln.
- Gestelzte, abstrakte Sprache.
- Stereotype, „gezwungene“ Freundlichkeit.
- Übertriebene, nach außen getragene Sachlichkeit.
- Feindselige Seitenhiebe, wie Sticheln, Sarkasmus, Ironisierungen usw.

Rückzug

- Rückgang von Ideen und Gesprächsbeiträgen, „Einigeln“.
- Resignative Grundhaltung nach dem Motto: „Das klappt ja doch nicht.“

Neun Stufen der Konflikteskalation

Destruktive Debatten, bei denen die Beteiligten es nicht schaffen, eine klärende Wendung einzuläuten, führen über eine Reihe von Eskalationsstufen in den Abgrund: Friedrich Glasl hat hierfür ein Ebenenmodell entwickelt, das die zunehmende Eskalation darstellt.

Von der Verhärtung der Positionen bis zur Zersplitterung

Der Konflikt beginnt mit einer Verhärtung der Positionen, das heißt, bereits vor der eigentlichen Debatte besteht die Tendenz, die andere als gegensätzlich zu bewerten. In der Debatte selbst wird noch weitgehend sachlich diskutiert. Auf der dritten Stufe schafft die eine oder andere Seite schon einmal Tatsachen, um den Konflikt für sich zu entscheiden. Ab hier beginnt der Bereich, in dem die interne Moderation durch die Gruppe selbst nicht mehr ausreicht, um den Konflikt zu lösen. Im weiteren Verlauf bilden sich Koalitionen, und der soziale Druck auf die Leitung wächst, für die eine oder andere Seite Position zu beziehen. Bei weiterer Zuspitzung unterstellen sich beide Seiten, insgeheim abscheuliche Pläne zu verfolgen (Demaskierung). Wenn hier die externe Moderation nicht klärend wirkt, kann es in der Folge nur noch um vermittelnde Schadensbegrenzung (zum Beispiel durch Schiedsverfahren, Mediation) gehen, denn nach ausgesprochenen Drohungen folgen begrenzte Schläge. Die letzten Stufen, bei denen die Konfliktparteien die Zersplitterung beziehungsweise Vernichtung der anderen Seite anstreben, sind nur noch durch deutliche Machtausübung von außen in den Griff zu bekommen.

Wenn Konflikte eskalieren, wechseln dabei heiße und kalte Phasen. Je höher der Konflikt eskaliert ist, desto schwieriger wird es, ihn auf eine darunterliegende Stufe zurückzuführen.

Heiße und kalte Phasen

Heiß bedeutet, dass der Konflikt offensichtlich ist, kalt ist der Konflikt zwar da, aber nicht sichtbar. Damit Sie in Konfliktfällen wissen, wie Sie als Verhandlungsführer die Situation entschärfen können, werden im Folgenden die einzelnen Stufen der Eskalation erläutert.

1. Stufe

Verstimmung (heiß)

Die Parteien zeigen sich verstimmt über einen mehr oder minder schweren Anlass.

Debatte (heiß) 2. Stufe

Nun wird die Verstimmung entweder auf den Tisch gebracht, das heißt, die Parteien treten in einen offenen Streit, wobei zunächst jede Partei auf ihrer Meinung beharrt und die Argumente der anderen nicht gelten lassen will. Eine Debatte dieser Art bringt noch keine endgültige Konfliktlösung. Eine sachliche Auseinandersetzung könnte aber den Konflikt schon an dieser Stelle beenden oder zumindest entschärfen. Oder der Konflikt wird unter den Teppich gekehrt. Die Debatten-Stufe wird meist übersprungen, eine offene Auseinandersetzung findet nicht statt.

Kontaktabbruch (kalt) 3. Stufe

Die Spannungen zwischen den Konfliktparteien werden größer, sodass es immer schwerer fällt, das eigentliche Problem anzusprechen. Man geht sich aus dem Weg. Die gegnerische Konfliktpartei wird zunehmend mit anderen Augen gesehen. Zuvor Verbindendes wird verdrängt, und Trennendes wird umso mehr hervorgehoben. Sofern es nicht möglich ist, etwa aus räumlichen oder arbeitstechnischen Gründen, der anderen Konfliktpartei aus dem Weg zu gehen, können schon hier erste körperliche Krankheitssymptome auftreten: Übelkeit, Kopfschmerzen, gesteigerte Reizbarkeit und Ähnliches.

So entschärfen Sie die ersten drei Eskalationsstufen

Experten-Tipp

Als Verhandlungsführer können und sollen Sie in den Eskalationsstufen Verstimmung, Debatte und Kontaktabbruch als interner Moderator eingreifen.

Soziale Ausweitung (kalt) 4. Stufe

Die Spannungen zwischen den Kontrahenten nehmen zu. Um sich psychisch zu entlasten, versuchen die Konfliktparteien, Verbündete für ihre jeweilige Sichtweise des Konflikts zu gewinnen. Drittpersonen werden dann, gewollt oder ungewollt, zu Beteiligten des Konflikts.

Strategie (kalt) 5. Stufe

Die Konfliktparteien haben sich von Drittpersonen Rückendeckung verschafft. Nach Phasen der Selbstzweifel sehen sie sich in ihren Standpunkten bestätigt. Nun, da sie zu neuem Selbstbewusstsein gelangt sind, besteht die Neigung, in der Fantasie Strategien auszuarbeiten, wie man den Konfliktgegner unter Druck setzen und sich selbst gegen erwartete Angriffe wirksam schützen kann. Es besteht auch der Wunsch, die (gedanklichen) Strategie-Konzepte des Gegners zu erkennen und sie gegebenenfalls durchkreuzen zu können.

Experten-Tipp

So entschärfen Sie die Eskalationsstufen 4 und 5

Bei diesen beiden Stufen sollten Sie eine externe Person heranziehen, die den Prozess begleitet.

6. Stufe **Drohung/begrenzte Gewaltanwendung (heiß)**

Auf dieser Stufe wird der Konflikt zum alles beherrschenden Thema. Er bestimmt die Wahrnehmungen, Gedanken, Gefühle der Beteiligten. Die Konfliktparteien erweisen sich nicht nur als immer weniger kooperationsbereit, sondern neigen immer mehr dazu, Druck auszuüben und die Ziele der anderen Partei zu sabotieren, etwa durch Behinderungen, Intrigen, Gerüchte, Verweigerungen usw. Art und Intensität der Gewaltanwendung bleiben jedoch begrenzt.

7. Stufe **Regelbruch (kalt)**

Die Konfliktparteien neigen zunehmend zu paranoiden (Paranoia = Verfolgungswahn) Wahrnehmungs- und Deutungsmustern. Dem Gegner werden dann noch schlimmere Absichten unterstellt, als man selbst hat. Eine ungeschickte Äußerung, ein Formfehler oder eine Verschlechterung der eigenen Situation, die als das Werk des Gegners aufgefasst wird, kann als Wendemarke in der Konfliktentwicklung angesehen werden. Der Konflikt tritt nun in eine neue Dimension.

Experten-Tipp

So entschärfen Sie die Eskalationsstufen 6 und 7

Diese beiden Eskalationsstufen können durch Vermittlung, durch ein Schiedsverfahren oder durch Mediation entschärft werden.

8. Stufe **Angriffe aufs Hinterland (heiß)**

Auf dieser Stufe kommt es zur offenen Sabotage und Behinderung der gegnerischen Ziele mit der Absicht, die Machtbasis des

Gegners zu zerstören. Außerdem ereignen sich massive Angriffe auf dessen Person, wobei auch tatsächliche oder vermeintliche Verbündete der Gegenpartei nicht ausgenommen werden.

Totaler Krieg (heiß) 9. Stufe

In dieser Phase ist alles Bestreben der Konfliktparteien darauf ausgerichtet, den Gegner, wenn nicht physisch, so doch psychisch, beruflich oder gesellschaftlich zu zerstören, auch auf die Gefahr hin, dass man selbst in gesundheitlicher, materieller oder sozialer Hinsicht massive Nachteile davonträgt.

So entschärfen Sie die letzten beiden Eskalationsstufen

Experten-Tipp

Diese extremen Stufen lassen sich nur durch einen Machteingriff entschärfen.

Training 22: Überprüfen Sie Ihr momentanes Umfeld

15 Min.

In welchen schwierigen Verhandlungssituationen befinden Sie sich?

Auf welcher Eskalationsstufe stehen Sie? Welche Maßnahmen sollten Sie ergreifen?

Lösung 22: Überprüfen Sie Ihr momentanes Umfeld

Lösung

Je nach Stufe bieten sich folgende Maßnahmen an:

- Von Verstimmung bis Kontaktabbruch
  In diesem Fall sollten Sie selbst verhandeln und wie oben vorgegeben die Verhandlungsphasen selbst aufnehmen.
- Von Koalitionen bis Strategien
  In diesem Fall ist die Situation leider schon so weit fortgeschritten, dass ich Ihnen nicht rate, den Konflikt ohne fremde Hilfe anzugehen.
  Suchen Sie sich einen Menschen, der mit der Situation nichts zu tun hat, und laden Sie Ihren Verhandlungspartner dazu ein, gemeinsam mit Ihnen und mithilfe eines Dritten Lösungen zu finden. (win-win)
- Von Bedrohung über begrenzte Gewalt bis zu Regelbrüchen
  In diesem Fall sind die Verletzungen auf beiden Seiten schon sehr groß. Ich rate Ihnen zu einer Notlösung. Suchen Sie sich einen Mediator, und verhandeln Sie mit Ihrem Konfliktpartner die Situation so, dass möglichst beide mit einem blauen Auge davonkommen. (Die Lösung wäre eine gerechte Verlustverteilung.)
- Vom Angriff bis zum totalen Krieg
  Nun retten Sie so schnell wie möglich das, was noch zu retten ist. Holen Sie sich dringend Hilfe, und verlassen Sie die Situation.

Der Nutzen des Verhandlungsmodells nach Schwäbisch und Siems

Totalen Krieg verhindern

Damit Sie nicht die Treppe der Konflikteskalation bis zum totalen Krieg gehen müssen, zeige ich Ihnen ein Modell zur Konfliktklärung. Grundvoraussetzung für seine Anwendung ist eine hohe Bereitschaft beider Parteien, den Konflikt zu verhandeln und zu lösen. Zwei Gründe könnten das veranlassen:

1. Der Leidensdruck der Beteiligten ist bereits so groß, dass sie beide Veränderung herbeisehnen.

2. Die Beziehung zu dem Verhandlungspartner ist so wichtig, dass die Beteiligten grundsätzlich bereit sind, sich dafür einzusetzen, denn die folgende Methode erfordert Einsatz.

Die Konfliktregelung nach Lutz Schwäbisch und Martin Siems soll vor allem Paaren, zu denen ja auch Verhandlungspartner zu rechnen sind, Unterstützung bieten, die nach Wegen suchen, wie sie Konflikte konstruktiver nutzen können. In diesem Modell ist kein Vermittler oder Moderator vorgesehen. Vielmehr geht es um konkrete Anweisungen, wie sich die beiden Verhandlungsparteien verhalten können.
Betrachten wir nun das Modell, in dem Schwäbisch und Siems den Gesprächsverlauf durch verschiedene Phasen leiten. Sie als Konfliktpartner erhalten zu jeweils vorgeschlagenen Verhaltensweisen Anregungen und werden darin bestärkt, wenn Sie bereits entsprechende Verhaltensweisen anwenden.

Eine Störung wird angemeldet

Phase 1

Sie und/oder Ihr Verhandlungspartner äußern eine Störung, indem Sie Ihre Gefühle direkt und ohne Vorwurf ausdrücken. Fordern Sie sich gegenseitig auf, gemeinsam über das Problem zu sprechen, und machen Sie sich deutlich, dass Sie für neue Lösungsmöglichkeiten offen sind.

Praxis-Beispiel

Was stört Herrn Schmidt und Herrn Baus?

Herr Schmidt und Herr Baus sind seit drei Jahren Firmenpartner und führen eine GmbH. Viele Dinge haben sie gemeinsam festgelegt. So auch den Start am Morgen. Es soll um 09.00 Uhr mit einem gemeinsamen Meeting losgehen.

Bei der Störung handelt es sich darum, dass Herr Baus sich sehr darüber ärgert, dass sein Geschäftspartner regelmäßig zu spät kommt. Herr Schmidt äußert dann: „Ich bin höllisch davon genervt, dass du regelmäßig zu spät kommst. Ich habe dann den Eindruck, dass Absprachen dir nicht wirklich wichtig sind."

Hintergrundbedürfnisse werden herausgearbeitet

Phase 2

Sie und Ihr Verhandlungspartner versuchen, Ihre Bedürfnisse zu erforschen und zu klären. Sie beide sollen dabei akzeptieren, dass Sie verschiedene Interessen haben, und versuchen, die Meinung des Konfliktpartners zu verstehen und nachzuvollziehen. Dabei ist es hilfreich, partnerzentriert zu reagieren. Eine weitere Hilfe ist der Rollenwechsel. Dabei sollten Sie zum Schluss dieser Gesprächsphase die Bedürfnisse des anderen in Ich-Form wiederholen.

Praxis-Beispiel

Welche Bedürfnisse haben die beiden?

Herr Baus: „Ich habe das Bedürfnis nach Freiheit, ich möchte, dass es akzeptiert wird, dass ich an vielen Tagen einfach nicht pünktlich sein kann, weil ich neben Arbeit auch Familie habe."

Herr Schmidt: „Ich benötige eine Planungssicherheit. Ich werde unruhig, wenn ich ständig auf dich warten muss. Ich könnte in der Zeit etwas anderes planen. Ich möchte mich auch nicht so sehr nach dir richten müssen."

Phase 3

Störungen und Wünsche werden umformuliert

Sie und Ihr Konfliktpartner formulieren Ihre Störungen oder Ihren Ärger in konkrete Wünsche an den jeweils anderen um.

Praxis-Beispiel

Das wünschen sich die beiden:

Herr Baus: „Ich wünsche mir die Freiheit, zeitlich flexibel zu beginnen. Ich wünsche mir, dass meine Unpünktlichkeit nicht als Boshaftigkeit bewertet wird und ich dafür nicht angefahren werde. Ich möchte, dass mein Arbeitseinsatz wertgeschätzt wird, schließlich arbeite ich auch häufig bis spät abends."

Herr Schmidt: „Ich wünsche mir mehr Verbindlichkeit, dass wenn wir eine Zeit ausmachen, wir sie auch einhalten. Ich möchte nicht mehr auf dich warten müssen."

Phase 4

Brainstorming für mögliche Lösungen

Wie Sie im Kapitel „So können Sie Lösungen finden", S. 137, lernen werden, hilft Ihnen das Brainstorming an dieser Stelle weiter. Sie und Ihr Verhandlungspartner sammeln Vorschläge für mögliche Lösungen. Diese Vorschläge sollen nicht diskutiert, sondern nur gesammelt werden. Dabei können auch „unsinnige" und sehr fantasievolle Vorschläge gemacht werden. Sie beide vermitteln in dieser Phase jeweils dem anderen, dass Sie sich um eine Lösung bemühen. Außerdem entkrampft sich die Atmosphäre durch Heiterkeit und Spaß.

Einigen Sie sich auf die beste Lösung

Phase 5

Sie und Ihr Verhandlungspartner einigen sich auf eine Lösung, die Sie beide akzeptieren können und die den Interessen beider Seiten möglichst optimal entspricht. Sie prüfen gemeinsam eventuelle Einwände gegen die Lösung und suchen so lange, bis Sie die Lösung gefunden haben, zu der beide unumschränkt Ja sagen können.

Praxis-Beispiel

Diese Lösung haben Herr Schmidt und Herr Baus gefunden:

Zwei Tage in der Woche werden verbindlich festgelegt. Ausnahmen müssen einen Tag vorher bekannt gemacht werden. Diese zwei Tage beginnen mit einem gemeinsamen Meeting um 09.00 Uhr. Die anderen Tage werden locker und flexibel gestaltet.

So entschärfen Sie Konflikte

Manche Verhandlungen enden in einem Konflikt. Im Kapitel über Konfliktdeeskalation durch gekonnte Verhandlung haben Sie erfahren, wie eine Missstimmung zu Krieg führen kann.
Um es gar nicht erst so weit kommen zu lassen, können Sie selbst in Konfrontationssituationen mit aufgebrachten Gesprächspartnern einiges tun, um einen sich anbahnenden Konflikt zu entschärfen.

Grenzen der Verhandlungspartner schützen

Konflikthafte Situationen zu entschärfen heißt nicht, dass der Sachverhalt immer zur Zufriedenheit der Gesprächspartner geregelt wird, sondern dass Grenzen zwischen den Menschen nicht mehr verletzt werden.
Im Folgenden finden Sie die wichtigsten Tipps zur Entschärfung konflikthafter Situationen:

Experten-Tipp

Wie verhalten Sie sich am besten?

- Bewahren Sie Ruhe.

  Achten Sie auf Bauchatmung, besonders wenn Sie in Stress geraten.

  Achten Sie auf Ihre Körpersprache: Bewahren Sie eine offene Körperhaltung, halten Sie Blickkontakt, bewahren Sie am Tisch eine gerade Körperhaltung.

  Legen Sie eine Denkpause ein, bevor Sie antworten. Oder stellen Sie eine Gegenfrage, um Zeit zu gewinnen.

  Antworten Sie sachlich, knapp und präzise.

Respekt ist unabdingbar

- Respektieren Sie den Gesprächspartner.

  Drücken Sie nicht schon durch Ihre Mimik, Gestik oder Haltung Ihren Unwillen über die Kritik aus. (Positive Grundeinstellung)

  Schaffen Sie eine persönliche Atmosphäre: Behandeln Sie einen erregten Gesprächspartner höflich (aber nicht unterwürfig!), sprechen Sie ihn vor allem zu Anfang häufiger mit seinem Namen an.

  Signalisieren Sie durch Ihre Bereitschaft zum Überprüfen der Kritikpunkte, dass Sie das Anliegen Ihres Gegenübers ernst nehmen.

Verständnis für den anderen

- Versuchen Sie, den Standpunkt des anderen zu verstehen.

  Fordern Sie einen „verstockten" Gesprächspartner in den ersten zwei bis drei Minuten durch offene Fragen aktiv zum Reden auf.

  Lassen Sie Ihr Gegenüber unbedingt ausreden (auch zum „Dampf ablassen"), und hören Sie ihm interessiert und aufmerksam zu. (Aktives Zuhören)

  Versuchen Sie, sich mit den Wünschen (und Nöten) des anderen zu identifizieren. Bevor Sie gezielt antworten können, müssen Sie erst verstehen.

- Trennen Sie Wichtiges von Unwichtigem.

  Versuchen Sie nicht, jeden unsauber verwendeten Begriff klären zu wollen – vermeiden Sie Fachdiskussionen.

  Entscheiden Sie bei jedem Diskussionspunkt, ob er überhaupt für das Problem relevant ist – wenn nicht, ignorieren Sie ihn und steigen Sie nicht darauf ein.

Weisen Sie auf das Wesentliche hin, zum Beispiel durch gezieltes Rückformulieren; lassen Sie sich nicht auf Nebenschauplätze ein.

- Vermeiden Sie ein problemstabilisierendes Verhalten.

  Überprüfen Sie jeden nächsten Schritt, den Sie tun. Ist er problemstabilisierend; also verhärten sich die Fronten dadurch? Erzeugen Sie dadurch vielleicht sogar mehr von dem Verhalten, das bisher zur Verhärtung geführt hat?

  Prozessoptimierung

  In diesem Fall spricht man von „Prozessoptimierung". Der Begriff „Optimierung" bezieht sich hierbei auf Optimierung der Verhärtung.

  Versuchen Sie dann ein anderes Verhalten. Man spricht hierbei von „Prozessmusterwechsel", wie im folgenden Tipp:

- Kommen Sie Ihrem Verhandlungspartner überraschend entgegen.

  Eine Möglichkeit ist zum Beispiel, Ihrem Verhandlungspartner schon bei der Wahl des Verhandlungsorts die Entscheidung zu überlassen. Gerade in schwierigen verhärteten Konfliktsituationen kann so eine (meist nicht erwartete) Handlung ein positives Signal sein.

So können Sie Lösungen finden

Praxis-Beispiel

Nichts geht mehr

Stellen Sie sich vor, Sie sitzen seit drei Stunden in einer Verhandlung und merken, seit zwei Stunden geht gar nichts mehr. Sie wissen, der Verhandlungspartner will verhandeln und hat auch die nötigen Mittel (Entscheidungskompetenz), um mit Ihnen zu verhandeln. Sie drehen sich im Kreis, keine Position bewegt sich. Am liebsten würden Sie die Verhandlung abbrechen. Auch nach einer kurzen Pause stehen Sie vor der gleichen Situation, es geht nicht voran.

In jeder Verhandlung kommen Sie immer wieder an einen Punkt, an dem es scheinbar nicht weitergeht. Es gibt hierfür ganz einfache Techniken, um in einer verfahrenen Situation zu einer Lösung zu kommen:

1. Lösungen durch Brainstorming
2. Lösungen durch Perspektivwechsel
3. Lösungen durch die „Vier-Szenarien-Betrachtung"

1. Lösungen durch Brainstorming

Das Brainstorming ermöglicht es Ihnen, in einer Verhandlung Lösungsmöglichkeiten zu sammeln. Dabei kommt jeder Teilnehmer zum Zug, die Beteiligung aller wird vorausgesetzt.

Experten-Tipp

Grundsätzlich gilt

- Keine Kritik während der Generierung der Ideen.
- Je mehr Ideen, desto besser.
- Je origineller die Idee, desto besser.
- Kombination oder Modifikation genannter Ideen ist möglich und gewünscht.

CD-ROM

So funktioniert ein Brainstorming

Vor dem Brainstorming
- Bestimmen Sie den Zweck.
- Wählen Sie einige Teilnehmer aus (Optimalgröße fünf bis acht Personen).
- Sorgen Sie für eine informelle Atmosphäre.
- Wählen Sie einen Moderator.

Während des Brainstormings
- Erklären Sie die Regeln, insbesondere das Verbot der Kritik.
- Benennen Sie das Problem unmissverständlich. Prüfen Sie, ob es dazu inhaltliche Fragen gibt.
- Sammeln Sie alle Ideen (ungefiltert) schriftlich.

Nach dem Brainstorming
- Markieren Sie die aussichtsreichsten Ideen.
- Suchen Sie nach Wegen, sie weiter zu verbessern.

2. Lösungen durch Perspektivwechsel

Eine besondere Form der Lösungsfindung ist der Perspektivwechsel. Manchmal ist es schwierig und auch sehr trocken, ein Brainstorming immer nur aus der eigenen Perspektive vorzunehmen. Eine andere Möglichkeit, in einer Verhandlung zu

einer Lösung zu kommen, besteht darin, den Sachverhalt von einem anderen Standpunkt aus zu betrachten.
Zu neuen Ergebnissen kommen Sie, wenn Sie die Perspektiven verändern. Sie selbst oder Ihre Verhandlungspartner können mehrere Perspektiven einnehmen:

Völlig andere Sichtweisen

- Perspektive 1: „Was würde uns zu diesem Thema der Papst sagen?"
- Perspektive 2: „Was würde uns zu diesem Thema der Geschäftsführer raten?"
- Perspektive 3: „Was würde uns ein Anwalt raten?"

So finden Sie Ergebnisse und Lösungen, auf die Sie sonst nie gekommen wären.

3. Lösungen durch die „Vier-Szenarien-Betrachtung"

Die „Vier-Szenarien-Betrachtung"

Die „Vier-Szenarien-Betrachtung" ist eine weitere Technik, um den Lösungshorizont zu erweitern. Sie ist besonders dann hilfreich, wenn es zwei eindeutige Maximalforderungen gibt.
Es werden vier verschiedene Szenarien durchgespielt:

- **Szenario 1: Entweder**
  „Was passiert, wenn wir uns für die Maximalforderung des anderen Verhandlungspartners entscheiden?"
  Sie stellen sich also vor, dass der andere Verhandlungspartner mit seiner Maximalforderung aus der Verhandlung durchkommt.
- **Szenario 2: Oder**
  „Was passiert, wenn wir uns für meine Maximalforderung entscheiden?"
  Sie stellen sich also vor, dass Sie mit Ihrer Maximalforderung aus der Verhandlung durchkommen.
- **Szenario 3: Sowohl als auch**
  „Was passiert, wenn wir uns für beide Maximalforderungen entscheiden?"
  Sie stellen sich also vor, dass Sie beide mit Ihren Maximalforderungen durchkommen.
- **Szenario 3: Ganz anders**
  „Welche weiteren Lösungen sind denkbar?"

Weiten Sie Ihren Blickwinkel, und suchen Sie nach neuen Lösungen, die Sie noch nicht betrachtet haben.

Bewertung der Szenarien

Wenn Sie alle Szenarien durchgespielt haben, können Sie jeweils eine Bewertung vornehmen. Betrachten Sie dabei, welche Chancen und welche Risiken auf Sie zukommen würden. Entscheiden Sie sich dann gemeinsam mit Ihrem Verhandlungspartner für die beste Möglichkeit (gemäß den vorab festgelegten Entscheidungskriterien wie zum Beispiel Preis, Chancen, Mitarbeiterzufriedenheit).

Nicht immer ist eine pauschale Lösung das Verhandlungsergebnis. In solchen Fällen sind kleinere Einheiten der bessere Weg, um zu einem Ergebnis zu kommen. Verändern Sie die Reichweite der vorgeschlagenen Übereinkunft, indem Sie nach Teillösungen suchen.

Grundprinzipien für Verhandlungen im Konfliktfall

Speziell für das Vorgehen bei Verhandlungen über Konfliktpositionen ist es hilfreich, wenn Sie folgende vier Grundprinzipien kennen:

- Behandeln Sie Menschen und Probleme getrennt.
- Konzentrieren Sie sich nicht auf Positionen, sondern auf Interessen.
- Suchen Sie Möglichkeiten für beiderseitigen Nutzen.
- Bauen Sie das Ergebnis auf objektiven Entscheidungskriterien auf.

Das „Harvard-Konfliktmodell"

Diese Prinzipien sind als „Harvard-Konfliktmodell“ bekannt geworden, sie beruhen auf einem grundsätzlichen Wissen der Konfliktforschung.

Die vier Prinzipien werden im Folgenden näher erläutert, und es werden Verhaltensgrundsätze für die Konfliktparteien daraus abgeleitet, die Sie als Moderator fördern können und offensiv vertreten sollten.

Behandeln Sie Menschen und Probleme getrennt

Prinzip 1

Verhandlungspartner sind zuallererst Menschen. Sie werden von Gefühlen geleitet, von tief verwurzelten Werten, Befürchtungen und Interessen. Sie stammen aus unterschiedlichen Bereichen, vertreten gegensätzliche Standpunkte und sind nicht im Voraus berechenbar.

Jeder Verhandlungspartner hat zwei Grundinteressen: Das eine bezieht sich auf den Verhandlungsgegenstand, das andere auf die persönliche Beziehung.

In Verhandlungen, vor allem über Konflikte, vermischen sich diese Ebenen enorm schnell. Eine Ihrer wichtigsten Aufgaben ist es demnach, über dieses Prinzip zu wachen und für die Trennung beider Ebenen zu sorgen.

Der Versuch, in konflikthaften Verhandlungen voranzukommen, indem man „objektive Wahrheiten" betrachtet, Fakten heranzieht und intensiv den Verhandlungsgegenstand oder das Ergebnis zu ergründen sucht, scheitert oft. Der Grund dafür ist einfach. Der Konflikt an sich existiert nicht in der objektiven Realität, sondern in den Köpfen der Menschen. Differenzen zwischen den Beteiligten liegen meist in ihren Gedanken und Gefühlen zu einer Sache. Auch wenn Ängste unbegründet sind, so sind sie doch real und wirken vehement im Verhandlungsprozess, wenn sie nicht bedacht werden.

Stellen Sie sich vor, Sie selbst würden in einer Verhandlung sitzen, in der Sie befürchten, Ihre Interessen nicht durchsetzen zu können oder über den Tisch gezogen zu werden. Diese Grundhaltung bewirkt Argwohn, wenig Offenheit gegenüber gedanklichen Experimenten und eine Art stete Abwehr. Diese Komponenten werden einer positiven Verhandlungsatmosphäre entgegenwirken und damit auch Einfluss auf die Qualität des Ergebnisses nehmen.

Bei der Klärung der Beziehungsebene ist es immer wieder wichtig, anzuregen, sich in die Lage des anderen zu versetzen.

Die Beziehungsebene beachten

- Leiten Sie die Absichten anderer niemals aus Ihren eigenen Befürchtungen ab.

- Schieben Sie die Schuld an Ihren eigenen Problemen nicht der Gegenseite zu.
- Wahren Sie das Gesicht des Gegenübers: Stimmen Sie Ihre Vorschläge auf das Wertesystem des Konfliktpartners ab. Beachten Sie die Emotionen auf beiden Seiten!
- Bei harten Auseinandersetzungen sind Gefühle mitunter wichtiger als das Sachthema. Oft führen sie schnell in eine Sackgasse oder zum Abbruch der Verhandlung. Wesentlich ist es, alle wichtigen Emotionen zu verstehen, die an diesem Prozess beteiligt sind und in ihm wirken.
- Reagieren Sie nicht auf emotionale Ausbrüche „mit gleicher Münze", sondern lassen Sie der Gegenseite die Möglichkeit, Dampf abzulassen.

In konflikthaften Verhandlungen müssen Sie immer zuerst die Beziehungsebene klären, bevor Sie sich dem Sachthema widmen. Beachten Sie diesen Punkt unbedingt, da Ihre Verhandlungen sonst zum Scheitern verurteilt sind. Schauen Sie sich hierfür noch einmal den Abschnitt „Beziehungsseite“ im Kapitel „So klären Sie Ihre Position“ an.

Prinzip 2

Konzentrieren Sie sich nicht auf Positionen, sondern auf Interessen

Praxis-Beispiel

Zwei Positionen – eine Lösung

Zwei Männer streiten in einer Bibliothek. Der eine möchte das Fenster offen haben, der andere geschlossen. Sie zanken herum, wie weit man es öffnen soll: einen Spaltbreit, halb-, dreiviertel-offen. Keine Lösung befriedigt beide. Die Bibliothekarin kommt hinzu. Sie fragt den einen, warum er denn das Fenster öffnen möchte. „Ich brauche frische Luft." Sie fragt den anderen, warum er das Fenster lieber geschlossen haben möchte. „Wegen der Zugluft." Nach kurzem Nachdenken öffnet sie das Fenster im Nebenraum. Es kommt frische Luft herein, ohne dass es zieht.

Interessen motivieren Menschen; sie sind die stillen Beweggründe hinter dem Durcheinander von Positionen. Jedes Interesse kann fast immer durch mehrere mögliche Positionen befriedigt werden. Hinter gegensätzlichen Positionen liegen sowohl gemeinsame und ausgleichbare Interessen als auch sich widersprechende.

Es gibt einen einfachen Weg, die Interessen Ihrer Verhandlungspartner herauszufinden.

To Do

Wer vertritt welche Interessen?

- Fragen Sie immer wieder: Warum? Und warum nicht?
- Erkennen Sie, dass beide Seiten vielfältige Interessen haben.
- Ermutigen Sie Ihre Verhandlungspartner, diese Interessen deutlich zum Ausdruck zu bringen. Verdeckte Interessen manipulieren den Verhandlungsverlauf und wirken oft störend. Meist wird es im Verlauf von Verhandlungen deutlich, wenn verdeckte Interessen existieren, da genauso versucht wird, sie verdeckt umzusetzen.
- Machen Sie Ihre eigenen Interessen deutlich, nur dann können sie offen im Prozess behandelt werden und kann nach deren Umsetzung gestrebt werden.
- Stellen Sie erst das Problem dar, bevor Sie mit Lösungen antworten.
- Und schauen Sie immer nach vorne. Halten Sie sich nicht so sehr mit rückwärtigen Blicken auf, egal was war. Das Beharren auf der Vergangenheit bringt Sie nicht vorwärts.

Suchen Sie Möglichkeiten für beiderseitigen Nutzen

Prinzip 3

Bei Auseinandersetzungen glauben die meisten, dass sie die richtige Antwort schon kennen, und wollen, dass ihre Sicht der Dinge die Oberhand behält. Aus diesem Grund werden keine Optionen entwickelt.

Die potenzielle Vielfalt von Entscheidungsmöglichkeiten wird meist durch vier Hindernisse begrenzt:

1. Es wird vorschnell geurteilt.
2. Es wird nach der richtigen Lösung gesucht.
3. Es wird angenommen, dass der Kuchen begrenzt ist.
4. Es besteht die Vorstellung, dass die anderen ihre Probleme gefälligst selbst lösen sollen.

Alle vier Punkte sind innere Haltungen, die Sie als Moderator zu zerstreuen versuchen sollten. Gehen wir von der Annahme aus, dass der Kuchen begrenzt ist. Diese Aussage ist richtig, wenn es um Verteilungskonflikte geht. Es gibt eine freie Managementstelle? Und drei Bewerber? Dann können natürlich nicht die Interessen aller drei Bewerber berücksichtigt werden. Doch in allen anderen Arten von Konflikten gibt es zumindest eine potenzielle Chance und Option dafür, dass beide Seiten ihre Interessen umsetzen können. Ob diese Option gefunden wird, liegt oft nur am Maß der Bereitschaft und an der Kreativität der Beteiligten. Auf diesem Weg können Sie die Bedenken Ihrer Verhandlungspartner zerstreuen. Das Bedenken, der Kuchen könnte nicht für alle reichen, entspringt einem Mangelprinzip. Der Gedanke, dass es oft eine Möglichkeit gibt, einen Gewinn für beide Seiten zu erzielen, entspringt dagegen einem Prinzip von Fülle.

Prinzip 4

Bauen Sie das Ergebnis auf objektiven Entscheidungskriterien auf

Ein Verhandlungsergebnis muss fairen Maßstäben entsprechen, die wiederum unabhängig vom bloßen Willen der einen oder der anderen Seite sind. Faire Maßstäbe sind zum Beispiel Marktwert, frühere Vergleichsfälle, wissenschaftliche Gutachten, Sachverständigenurteile, Auswirkungen, Kosten, moralische Kriterien, Gleichbehandlung, Tradition, Gegenseitigkeit.

Gerade dann, wenn sich Interessen widersprechen, müssen faire Kriterien gelten – sowohl für die Inhalte als auch dafür, wie abgestimmt wird.

Experten-Tipp

Einen Streitfall genauer unter die Lupe nehmen

Funktionieren Sie jeden Streitfall zur gemeinsamen Suche nach Kriterien um.

Einigen Sie sich aber zuerst über die Prinzipien der Entscheidungsfindung.

Sollte der Verhandlungspartner über die Prinzipien der Entscheidungsfindung mit Ihnen nicht einig sein und führen Sie trotzdem die Verhandlung weiter, werden Sie mit massiven Widerständen rechnen müssen. Selbst wenn Sie zu einer Lösung kommen, so müssen Sie davon ausgehen, dass Ihr Verhandlungspartner diese Lösung nicht trägt. Es ist dann Ihre Lösung, die Sie durchgefochten haben. Sie ist aufgrund der von Ihnen festgesetzten Entscheidungskriterien entstanden. Vielleicht haben Machtkriterien wie zum Beispiel Ihre höhere Position Ihnen dabei geholfen.

Training 23: Wie können Sie einen Konflikt angehen?

10 Min.

Sie führen eine Agentur, in der es ganz normal zu Konflikten kommt. So ist zum Beispiel eine Abteilung darüber gekränkt, dass eine andere wichtige Kundeninformationen zurückgehalten hat. Es geht Ihnen als Chef darum, den Konflikt nicht eskalieren zu lassen, sondern für beide Abteilungen akzeptable Lösungen zu finden. Wie würden Sie, nachdem Sie nun die vier Prinzipien kennen gelernt haben, einen Konflikt angehen? Welche Handlungsschritte sind notwendig? Welche einfachen Methoden können Sie anwenden?

Lösung 23: Wie können Sie einen Konflikt angehen?

Suchen Sie Optionen, bevor Sie etwas beurteilen. Versuchen Sie über einfache Kreativtechniken, wie zum Beispiel gemeinsames Brainstorming, möglichst viele verschiedene Optionen zu finden. Dabei tun Sie sich einen großen Gefallen, wenn Sie:

- für eine entspannte Atmosphäre sorgen,
- alle Beteiligten einladen, auch zu „spinnen“, absurde Lösungen zu entwickeln, und
- mit so wenig wie möglich Verbissenheit an die Aufgabe herangehen.

Alle gesammelten Optionen sollten vorerst außerhalb jeglicher Bewertung über Realisierbarkeit und Sinnhaftigkeit stehen. Versuchen Sie, die Optionen eher zu vermehren, als schnell nach einer „richtigen“ Lösung zu suchen. Halten Sie dabei Ausschau nach Vorteilen für alle Seiten, und entwickeln Sie Vorschläge, die den anderen die Entscheidung erleichtern.

Die Rolle des Moderators

Das folgende Kapitel beschäftigt sich mit Ihrer Rolle als Moderator in Verhandlungen. In diesem Fall ist es Ihre Aufgabe, den Prozess zu moderieren und dafür zu sorgen, dass ein für alle Beteiligten gerechtes Ergebnis erzielt wird. Neben den grundsätzlichen Aufgaben eines Moderators wie Sammeln, Strukturieren usw. kommen auf Sie zwei Herausforderungen zu:

1. Sie müssen als Moderator unbedingt neutral sein.
2. Sie müssen Gerechtigkeit walten lassen.

1. Herausforderung

Wahren Sie die Neutralität

Die Verhandlungspartner werden versuchen, Sie zu beeinflussen. Aber lassen Sie sich nicht auf eine Seite ziehen. Sicherlich wird sowohl die eine als auch die andere Seite dies bewusst oder unbewusst verbal und nonverbal versuchen.

Bleiben Sie neutral

Überprüfen Sie Ihre Neutralität bewusst. Sicherlich werden Sie den einen oder den anderen Verhandlungspartner sympathischer finden. Daran können Sie schwerlich etwas verändern. Darum geht es nicht. Es geht vielmehr darum, gerecht zu sein.

Lassen Sie Gerechtigkeit walten

2. Herausforderung

Das heißt nicht, dass Sie beide Verhandlungspartner stets gleich behandeln müssen. Gerechtigkeit walten lassen beinhaltet aber, dass Sie jedem gleich viel Raum geben.

Im Folgenden finden Sie eine Checkliste, die Ihnen als roter Faden in einer schwierigen Moderation hilfreich sein kann:

Die Situation der Einzelnen richtig einschätzen	**ja**	**nein**
Wird jemand zu schnell zu einer Entscheidung gezwungen?		✓
Hat jeder das Recht, sein Anliegen vorzubringen?		
Hat jeder das Recht, nachzufragen, wenn er den anderen nicht verstanden hat?		
Hat jeder das Recht, bis zu Ende zu sprechen?		
Wird jemand unterbrochen?		
Strapaziert jemand seine Redezeit über Maßen?		

Lassen Sie sich nicht zermürben

Machen Sie Ihre Leistung als Moderator nicht davon abhängig, ob ein für beide zufriedenstellendes Ergebnis erreicht ist. Es gibt Verhandlungssituationen, in denen die Verhandlungspartner nicht bereit sind, aufeinander zuzugehen. Wenn beide auf konträren Ziele beharren und keinen Kompromiss eingehen möchten, können Sie noch so gut moderieren: Die Verhandlungspartner wollen nicht.

Verhaltensstrategien, wenn zwei sich streiten

Stellen Sie sich vor, die beiden Achsen eines Koordinatensystems wären zwei Personen oder Parteien, die miteinander in eine Verhandlung treten. Der oberste Punkt jeder Achse steht für 100 Prozent der Interessen jeder beteiligten Partei. Das grundsätzliche Verhaltensspektrum im Aufeinanderprallen dieser Interessen ist gar nicht so groß, denn eigentlich gibt es nur vier Möglichkeiten in dieser Situation:

1. Durchsetzung
2. Kooperation (win-win)
3. Kompromiss
4. Abbruch

Durchsetzung

Nur einer kann gewinnen

Durchsetzung bedeutet in diesem Fall, dass eine Partei ihre Interessen zu annähernd 100 Prozent umsetzt, die zweite Partei ihre Interessen allerdings überhaupt nicht verwirklichen kann.
Diese Strategie geht auf Kosten der Gegenpartei, es gibt nur Sieg oder Niederlage. In einem Sportwettbewerb lassen sich die Beteiligten ganz bewusst auf diese kompetitive Strategie ein, sie ist gewollt. In den meisten anderen Situationen außerhalb eines offenen Wettbewerbs ist diese Strategie allerdings eine klare Form von Machtausübung. Durch Überreden, Druck, Drohungen, Sanktionen oder Zwang wird erwirkt, dass die eigenen Interessen umgesetzt werden und die Interessen der Gegenpartei bewusst nicht bedacht werden.
Parallel zum Durchsetzungsverhalten entwickelt die Gegenseite eine Art Rückzug. Denn wie ist es anders zu erklären, dass jemand zulässt, dass auf seine Kosten andere ihre Interessen durchsetzen, ohne gegenzusteuern?

Kooperation (win-win)

Beide gewinnen

Wenn in einer Situation verschiedene Interessen aufeinander prallen, gibt es aber auch andere Formen zu interagieren, als sich einfach durchzusetzen. Kooperation ist eine davon. Das Höchstmaß eines Verhandlungsendes ist es, wenn beide Verhandlungsparteien 100 Prozent ihrer Interessen umgesetzt haben. Dies ist nicht in allen Verhandlungen und Konflikten möglich oder erstrebenswert, aber in den machbaren Fällen ist es das höchst ansetzbare Ziel. Wer diese Situation einmal erlebt hat, kennt das Gefühl der Befriedigung, die zurückbleibt, wenn die eigenen Interessen gewahrt wurden und die Gegenpartei zudem auch noch zufrieden den Verhandlungstisch verlässt und das Gespräch von viel Bereitwilligkeit und Kreativität geprägt war. Kreativität ist der Schlüssel bei der Beantwortung der Frage: „Gibt es einen Weg, die Interessen beider Seiten komplett zu verwirklichen?" Nicht „entweder/oder", sondern ein „und?" liegt dieser Frage zugrunde. Meistens liegt die Antwort dafür nicht auf der Hand. Es braucht die Bereitschaft, durch das „und?" auf völlig neue Ideen und Wege zu kommen, die herkömmliche Verfahrensweisen vielleicht verlassen.

Kooperation ist das oberste Ziel für einen Moderator

Experten-Tipp

Versuchen Sie immer, zuerst den Weg der Kooperation zu beleuchten und eine Lösung zu finden, bevor Sie sich mit Kompromissen beschäftigen. In dieser Idee liegt die Möglichkeit zu echten Innovationen und Befriedigung, zumindest aber einem beidseitigen Gewinn.

Kompromiss

Beiderseits Abstriche machen

Der Kompromiss zielt auf Entschärfung eines Konflikts ab. Auch er benötigt ein gewisses Maß an Kooperation. Wenn eine kreative Verbindung der beidseitigen Interessen nicht möglich scheint, muss über Argumentationen, Angebote und Verhandlungen ein gemeinsamer Nenner gefunden werden. Dazu gehört auf beiden Seiten die Fähigkeit des Nachgebens. Zu vorschnelles Nachgeben allerdings schwächt Ihre Position und führt zum Verlust eigener Interessen. Dennoch sollten Sie auch nicht durch zu langes Zögern die Verhandlungen künstlich in die Länge ziehen. Derlei Verhalten kann sich schnell zum Blockieren der Verhandlungen ausweiten und führt bei Ihren Gesprächspartnern nur zu Rückzug und Verhärtung. Es gilt also, das richtige Maß zu finden.

Abbruch

Niemand hat gewonnen

Kann keine der beteiligten Seiten ihre Interessen umsetzen, kommt es zum Abbruch der Verhandlungen und zum Auseinandergehen der Gesprächspartner. Es ist nicht unbedingt Ziel einer jeden Verhandlung oder Konfliktlösung, eine win-win-Situation herbeizuführen. Manchmal ist es ein Sieg, wenn beide Partner verstehen und übereinkommen, sich zu trennen oder nicht geeignet füreinander zu sein. Dies gilt allerdings nur für einige Situationen. Die meisten Menschen erhoffen sich von einer Verhandlung die höchstmögliche Umsetzung ihrer Interessen und sind dadurch auch eher kompromissbereit. Dabei ist mancher Kompromiss fauler als ein „guter", klarer Abbruch in beidseitigem Verstehen.

To Do

Gehen Sie Ihre drei letzten Verhandlungssituationen durch:

- Welche Strategie führten Sie?
- Wie zufrieden sind Sie mit dem Ausgang?
- Überprüfen Sie spekulativ, welche Ergebnisse Sie mit anderen Strategien erreicht hätten.

Die Gewinner-Gewinner-Strategie

Im Arbeitsalltag wird ein großer Teil der Verhandlungen durch Kompromisse gelöst, andere werden oft von oben, also durch eine höherstehende Hierarchieebene, zugunsten einer Partei und gegen die Interessen der anderen entschieden. Dabei ist zwar das Ergebnis für die zukünftige Zusammenarbeit der Beteiligten wichtig, aber ebenso wichtig ist, wie eine Lösung zustande kommt oder entschieden wird.

Deshalb kommt es vor allem darauf an, Verhandlungen so zu bewältigen, dass alle Beteiligten mit der Lösung zufrieden sind oder sie zumindest als gerecht akzeptieren können.

Strategien zur Lösung von Konflikten unterscheiden sich vor allem darin, ob die Beteiligten als „Sieger" und „Verlierer" oder als „wechselseitige Gewinner" daraus hervorgehen.

In der Praxis werden häufig Strategien nach dem Sieger-Verlierer-Modell eingesetzt:

Praxis-Beispiel

Sieger-Verlierer-Modell

Ein Konzern verhandelt mit einem kleinen Handwerksbetrieb, der seltene handgefertigte Teile liefern soll. Der Handwerker schafft es nicht, seine Preisvorstellungen in der Verhandlung umzusetzen, sondern geht am Ende mit einem Dumpingpreis aus der Verhandlung.

Meist geht es dabei um die Anwendung von Macht (was sehr unterschiedlich aussehen kann), wodurch der Verlierer ein ungutes Gefühl zurückbehält und in zukünftigen Verhandlungssituationen eher mit Abwehrverhalten reagiert.
Dies können Sie vermeiden, indem Sie eine Verhandlungsklärung nach dem Gewinner-Gewinner-Prinzip anstreben.

Die Gewinner-Gewinner-Strategie

Die Gewinner-Gewinner-Strategie verfolgt einen Klärungsprozess, in dem beide Parteien zunächst ihre unterschiedlichen Interessen (Ziele, Werte, Handlungsalternativen) darstellen und gegenseitig zu verstehen versuchen.
In einem zweiten Schritt suchen sie dann gemeinsam nach alternativen Lösungsmöglichkeiten und einigen sich auf diejenige, die für beide Seiten akzeptabel ist. Dieses Vorgehen setzt ein hohes Maß an Kompromissbereitschaft voraus.

Stabilisierung der Beziehung

Die Gewinner-Gewinner-Strategie produziert keinen strahlenden Sieger und bedrückten oder verärgerten Verlierer, sondern hinterlässt bei beiden Konfliktpartnern das Gefühl, vom anderen respektiert und verstanden worden zu sein, selbst aktiv zur Konfliktlösung beigetragen zu haben und hinter der erarbeiteten Lösung stehen zu können. Die Beziehung zwischen den beiden wird stabilisiert.
Jede schwierige Verhandlungssituation stellt ein potenzielles Risiko für die Beziehung der Parteien dar, bietet jedoch gleichzeitig auch Chancen zum Lernen und zur Weiterentwicklung der Beziehung.

Wenn Sie nun die Gewinner-Gewinner-Strategie anwenden, führt dies allerdings nicht automatisch zum Erfolg, sondern stellt einige Anforderungen an die Grundhaltung der Parteien, ihre Beziehung zueinander sowie an die Rahmenbedingungen ihres Kontakts:

Grundvoraussetzungen

- Die Parteien müssen in ihrer Grundhaltung akzeptieren, dass positive zwischenmenschliche Beziehungen ein wesentliches Element guter Kooperation sind und ein gewisses Maß an Beziehungsarbeit erfordern.
- Sie müssen bereit sein, nach beiderseitig akzeptablen Lösungen zu suchen und sich nicht nur an ihren eigenen Interessen zu orientieren.

Krisenhafte Situationen, extremer Zeitdruck und Stress erschweren die Kooperation und erfordern ein umso feinfühligeres Vorgehen. Positive und wohlwollende Einstellungen füreinander lassen sich natürlich nicht erzwingen, und so werden Moderatoren in manchen Fällen die angestrebte Gewinner-Gewinner-Lösung aufgeben müssen.

Wenn keine Bereitschaft vorhanden ist

Was tun, wenn die Verhandlungsparteien nicht zusammenarbeiten können (oder wollen)? Für diesen Fall schlägt der Hamburger Psychologieprofessor Alexander Redlich eine abgestufte Strategie vor, die vom verfolgten Ideal der „Suche nach der neuen besseren Problemlösung“ schrittweise bis zum „Angebot des fairen Kampfes“ herabsteigt, wenn es notwendig ist.

1. Verabreden Sie einen Lösungsaufschub.
2. Suchen Sie eine bessere neue Lösung. (win-win)
3. Suchen Sie einen Kompromiss, bei dem beide Seiten nicht verlieren.
4. Suchen Sie einen Kompromiss, bei dem beide Seiten gleich viel verlieren.
5. Suchen Sie Trennungsmöglichkeiten.
6. Bieten Sie einen fairen Kampf um den Sieg an.

Sie als Moderator sollten also auch Trennungen als mögliche Konfliktlösung in Betracht ziehen und sich nicht unter Druck setzen, jeden Konflikt in ideal-harmonischer Weise lösen zu können und zu müssen.

Sie als Moderator dürfen auch nicht die Bewertung Ihrer Leistung davon abhängig machen, ob die beiden Verhandlungspartner eine zufriedenstellende win-win-Situation als Lösung gefunden haben. Es gibt Situationen, in denen können Sie noch so perfekt moderieren, eine Lösung stellt sich trotzdem nicht ein. Das kommt vor allem dann vor, wenn die Verhandlungspartner auf der Beziehungsebene Schwierigkeiten haben. Es kann sein, dass alte Kränkungen eine wichtige Rolle spielen: „Es sind noch alte Rechnungen offen." Dann ist die win-win-Situation von beiden Verhandlungspartnern von vornherein gar nicht angestrebt.

Zeigen Sie Richtungen auf – aber erzwingen Sie nichts

Experten-Tipp

Geben Sie nicht zu schnell auf. Entmündigen Sie Ihre Verhandlungspartner nicht, indem Sie voreilig eine Entscheidung erzwingen. Geben Sie Schritte vor, lassen Sie aber die Verhandlungspartner selbst entscheiden, ob sie sie gehen wollen oder nicht. Fragen Sie zum Beispiel:

- „Möchten Sie auf der Suche nach win-win-Situationen weitergehen?"
- „Sind Sie der Meinung, dass wir keine akzeptable win-win-Situation herbeiführen können?"
- „Wollen Sie sich auf die Suche nach Kompromissen machen?"

Training 24: Einen Ausweg finden

10 Min.

Herr Wichert und Frau Schlicht sind beide geschäftsführende Gesellschafter einer GmbH. In den letzten zwei Jahren der Geschäftspartnerschaft kam es zu immer wiederkehrenden Konflikten. Nun stellen sie fest, dass ihre Ziele und Vorstellungen über das Unternehmen, bezogen auf Umgang mit Kunden und Unternehmensführung, sehr unterschiedlich sind. Sie sitzen gemeinsam seit zwei Stunden mit beiden am Verhandlungstisch und kommen nicht vorwärts.

Was tun? Wie würden Sie vorgehen?

Lösung 24: Einen Ausweg finden

So könnten Sie die verfahrene Situation ändern:

1. Verabreden Sie einen Lösungsaufschub.
   Der Lösungsaufschub wird um vier Wochen verschoben. So hat jeder noch mal Zeit, darüber nachzudenken. Die momentane Situation ist zu aufgeheizt, um weiter zu verhandeln!
2. Suchen Sie eine bessere neue Lösung. (win-win)
   In einem Brainstorming werden Lösungen gesucht: „Wie können wir zukünftig mit den unterschiedlichen Vorstellungen von Umgang mit Kunden und Unternehmensführung konstruktiv umgehen, ohne dass es zu Konflikten kommt?"

Möglichkeiten für einen Kompromiss

3. Suchen Sie einen Kompromiss, bei dem beide Seiten nicht verlieren.
   Der Kompromiss könnte darin bestehen, dass die beiden zu klaren Vereinbarungen kommen, bei denen beide einen Schritt auf den anderen zugehen. Keiner von beiden wird jedoch einen Nachteil daraus ziehen.
   Das könnte so aussehen, dass Kundenkommunikation in die alleinige Verantwortung von Frau Schlicht fällt, Unternehmensführung in die alleinige Verantwortung von Herrn Wichert. In beiden Fällen muss der andere mit den Grundsatzentscheidungen desjenigen, der für den Bereich zuständig ist, leben.
4. Suchen Sie einen Kompromiss, bei dem beide Seiten gleich viel verlieren.
   Dieser Kompromiss könnte darin bestehen, dass die beiden zu klaren Vereinbarungen kommen, bei denen beide einen Schritt auf den anderen zugehen. Beide nehmen allerdings einen Verlust in Kauf.
   Das könnte so aussehen, dass ein Produkt, das bisher geführt worden ist, aufgegeben wird und somit ein Verlust entsteht. Allerdings ist der Konfliktherd dadurch bereinigt.
5. Suchen Sie Trennungsmöglichkeiten.

Beispielsweise ließen sich entweder zwei Firmen daraus machen, oder die Firma wird zukünftig in zwei voneinander getrennten Filialen geführt.

6. Bieten Sie einen fairen Kampf um den Sieg an.
   Es gibt keinen tragbaren Kompromiss und keine tragbare Trennungsmöglichkeit zwischen Herrn Wichert und Frau Schlicht. Sie könnten ihnen jetzt nur noch den fairen Kampf anbieten. Dies könnte so aussehen, dass die beiden ihre Besitzansprüche von einem Unparteiischen klären lassen und sich trennen.

Fairer Kampf, wenn nichts mehr geht

Gesprächsphasen von Verhandlungen und Konfliktlösungen

Konfliktreiche Verhandlungen, die einer Lösung zustreben, verlaufen im Großen und Ganzen immer nach den gleichen Gesetzmäßigkeiten, beziehungsweise diese Gespräche folgen einem phasenhaften Verlauf. Keine der einzelnen Phasen kann dabei übersprungen oder vorweggenommen werden, da dann die innere Logik einer Konfliktlösung oder Verhandlung gestört würde. Schauen wir uns diese Phasen im Einzelnen an, und gehen wir im Weiteren davon aus, dass Sie eine Konfliktlösung zwischen zwei Mitarbeitern herbeiführen möchten und in der Rolle des Moderators agieren.

Eröffnungsphase

Ziel: positive Atmosphäre

In der Eröffnungsphase geht es vor allem darum, eine positive Atmosphäre zu erzeugen und den Gesprächsrahmen sowie das übergeordnete Gesprächsziel abzustecken. Positive Atmosphäre können Sie nicht zwanghaft herbeireden. Bedenken Sie, dass Ihre Mitarbeiter nicht unbedingt in positiver Stimmung sind. Die nahende Konfrontation, die Unsicherheit darüber, was genau in dem folgenden Gespräch geschehen wird, beunruhigt die Verhandlungsparteien meistens. Positive Atmosphäre schaffen Sie dadurch, dass Sie Vertrauen erzeugen, die Bedenken und Befürchtungen aufnehmen und zerstreuen und die Gesprächsregeln klären. Denn Sie als Moderator befinden sich in einer Gastgeberrolle.

Experten-Tipp

Sorgen Sie für eine möglichst entspannte Atmosphäre

Helle störungsfreie Räume, Getränke und Ihre eigene zuversichtliche Ausstrahlung erleichtern es Ihnen, ein angenehmes Gesprächsumfeld auch mit den Konfliktparteien zu schaffen.

Klären Sie gemeinsam Fragen wie:

- Wo wollen wir hin mit diesem Gespräch?
- Welchen Zeitrahmen geben wir uns?
- Gibt es bereits Punkte, über die Einigkeit besteht?

Der kleinste gemeinsame Nenner kann immer der Wille zur Lösung und Klärung sein. Sind diese Fragen geklärt, können Sie sich vertrauensvoll in die erste Gesprächsphase begeben.

Erste Gesprächsphase

Widmen Sie sich nun dem eigentlichen Konfliktthema:

- Wie beschreiben die beiden Seiten den Konflikt?
- Welche verschiedenen Themen ergeben sich dabei, die voneinander getrennt, also nacheinander behandelt werden sollten?

Beide verhandelnden Parteien sollten genügend Raum bekommen, damit sie äußern können, welche offenen Fragen für sie existieren.

To Do

Ihre Aufgabe als Moderator in dieser Gesprächsphase

Sammeln Sie die aufkommenden Themen, ordnen und strukturieren Sie sie. Klären Sie danach, in welcher Reihenfolge Sie die Themen bearbeiten und wie Sie dabei verfahren werden.

Die nun folgenden drei Gesprächsphasen müssen Sie für jedes einzelne Verhandlungs- oder Konfliktthema durchlaufen.

Zweite Gesprächsphase

In dieser Phase geht es um das Erkunden der einzelnen Sichtweisen. Klären Sie, wie jede Seite zu dem diskutierten Thema steht. Im Zentrum steht dabei, die unterschiedlichen Interessen herauszuarbeiten, zu erfahren, wer was will. Interessant sind dabei unterschiedliche Bewertungen und Prioritäten. Alle beteiligten Verhandlungspartner sollten sich in dieser Runde vor allem in aktivem Zuhören üben.

Ihre Aufgabe als Moderator in der zweiten Gesprächsphase

To Do

Sorgen Sie, wenn nötig, immer wieder für das gegenseitige Zuhören, und fungieren Sie im Zweifelsfall auch einmal als „Dolmetscher". Stellen Sie klärende Fragen, und sorgen Sie dafür, dass alle Beteiligten versuchen, die Argumente Ihres Gegenübers zu verstehen, und sie nachvollziehen können.

Dritte Gesprächsphase

Nun folgt der Kern des Gesprächs, die eigentliche Verhandlungsphase. Hier brauchen Sie Geduld und Feingefühl. Fassen Sie zuerst zusammen, welche Gemeinsamkeiten beim verhandelten Thema bereits existieren; danach, worüber noch Uneinigkeit besteht. Wichtig ist es, Bewegung in die einzelnen Positionen zu bringen.

Kreativität ist gefragt

Erinnern Sie sich an die Ausführungen im letzten Kapitel, und überlegen Sie zuerst, ob Sie eine win-win-Situation herstellen können, indem Sie die Interessen der einen Seite mit denen der zweiten Seite verbinden. Dies erfordert von Ihnen unter Umständen ein wenig Kreativität, besonders dann, wenn beide Interessen nicht auf den ersten Blick und über einen gängigen Weg verknüpft werden können. Seien Sie nicht zu vorsichtig, denn ein hohes Maß an Kreativität kommt dieser Phase zugute. Es wäre nicht das erste Mal, dass über eine kreative Denkleistung in dieser Phase ein gänzlich neuer Weg entsteht, der für alle Beteiligten fruchtbar ist und vorher undenkbar schien.

Ist die Verbindung beider Interessen nicht möglich, läuft das ganze Geschehen auf einen Kompromiss hinaus. Dazu müssen

Sie in Erfahrung bringen, wer zu welchen Zugeständnissen bereit ist. Oft werden diese Zugeständnisse bereits an eine Bedingung gebunden.

Praxis-Beispiel

Kompromissbereitschaft auf beiden Seiten herauslocken

„Wir sind bereit, mehr Personal für die Entladezone bereitzustellen, wenn Sie im Gegenzug dazu bereit sind, für eine bessere Umsetzung des Qualitätsmanagements zu sorgen und die Fehlerquote um mindestens 50 Prozent zu reduzieren."

Ist der Verhandlungspartner nicht mit dem Handel einverstanden, dann bringen Sie in Erfahrung, an welcher anderen Stelle er Zugeständnisse machen würde. Schauen Sie immer, wo sich in der Verhandlung neue Ansatzpunkte ergeben, aber auch wo sich deutliche Grenzen bei den Verhandlungspartnern zeigen.

To Do

Ihre Aufgabe als Moderator in der dritten Gesprächsphase

Regen Sie an, neue Blickwinkel zu eröffnen oder Sachverhalte neu zu bewerten. Arbeiten Sie sich so Stück für Stück zum Kompromiss vor.

Vierte Gesprächsphase

Hier geht es vor allem um eine gute Maßnahmenplanung.

- Wer tut was bis wann?
- Was wird zur Umsetzung des Kompromisses benötigt?
- Wer muss mit einbezogen, informiert werden?

Das sind zentrale Fragen dieser Gesprächsphase. Sorgen Sie dafür, dass allen klar ist, woran sie den Erfolg der Umsetzung messen. Dies ist bei einem Handel, in dem es um Materielles geht, meist sehr eindeutig. In einem gruppendynamischen Konfliktgespräch mit zwei Mitarbeitern ist es schwieriger zu sagen, wann der Konflikt nicht nur besprochen, sondern auch aufgelöst ist und woran die Beteiligten dies messen. Je „unsichtbarer" das angepeilte Ziel ist, desto klarer sollten die Erfolgsparameter festgelegt werden.

Ihre Aufgabe als Moderator in der vierten Gesprächsphase

Arbeiten Sie systematisch und übersichtlich auf. Fassen Sie die angestrebten Maßnahmen und Erfolgsdefinitionen zusammen.

Hat Ihre Verhandlung nur ein einziges Thema, können Sie danach zur Abschlussphase kommen. Stehen noch weitere Themen an, kehren Sie zurück zur dritten Gesprächsphase, bis alle Themen bearbeitet sind.

Die Abschlussphase

Die Abschlussphase dient der Abrundung des Gesprächs.

Ihre Aufgabe als Moderator in der letzten Gesprächsphase

Dazu gehört, dass Sie die Ergebnisse grob zusammenfassen und mit dem Gesprächsziel abgleichen. Schauen Sie, ob noch offene Fragen existieren, die eventuell in einem neuen Gespräch geklärt werden müssen.

An dieser Stelle besteht auch die Möglichkeit, die Qualität des gesamten Gesprächs zu bewerten und sich gegenseitiges Feedback zu geben:

- Was könnte im nächsten Gespräch besser laufen?
- Was war gut?

Tragen Sie Sorge für ein angenehmes Ende des Gesprächs, bestärken Sie die Verhandlungspartner in einer zuversichtlichen Perspektive.

Training 25: Übung macht den Meister

20 Min.

Gehen Sie die sechs Gesprächsphasen noch einmal durch. Überlegen Sie sich Leitfragen zu den einzelnen Phasen, und notieren Sie, wie Sie sich als Moderator entsprechend verhalten können.

Lösung 25: Übung macht den Meister

Für diese Aufgabe habe ich Ihnen meinen Lösungsvorschlag in einzelne Tabellen zusammengefasst, die Ihnen einen Überblick über die verschiedenen Gesprächsphasen verschaffen:

Eröffnungsphase		
Fokus	Leitfragen	Ihr Verhalten
– Positive Atmosphäre schaffen – Gesprächsziel und -rahmen klären	– Was verbindet uns? – Was wollen wir mit dem Gespräch erreichen? – Wie lange soll die Besprechung dauern?	– „Gastgeber" sein – Zielsetzungen herausarbeiten – Rahmen gemeinsam abstecken
1. Phase: Themensammlung und Verfahrensplanung		
Fokus	Leitfragen	Ihr Verhalten
– Konfliktthema klären – Teilthemen sammeln und ordnen – Verfahren planen	– Worum geht es? – Was sind die Rahmenbedingungen? – Mit welchem Thema wollen wir beginnen?	– Stand der Dinge zusammenfassen – Für Klarheit und Transparenz sorgen – Konflikt/Problem benennen – Offene Fragen stellen – Verfahrensvorschlag machen
2. Phase: Erkunden von Sichtweisen		
Fokus	Leitfragen	Ihr Verhalten
– Standpunkte herausarbeiten – Bewertungen und Interessen klären	– Wie sieht jede Seite das Problem? – Wer meint was? – Wer will was?	– Aktiv zuhören – Klärende Nachfragen stellen – Aussagen zurückspiegeln – Kernpunkte visualisieren – Zusammenfassen
3. Phase: Verhandlung		
Fokus	Leitfragen	Ihr Verhalten
– Positionen in Bewegung bringen – Kompromisslinien und Unvereinbarkeiten aufzeigen	– Wo sind wir uns einig, wo nicht? – Wo kann die eine, wo die andere Seite zurückstecken? – Wo werden neue Ansatzpunkte, wo Grenzen sichtbar?	– Gemeinsames Ziel betonen – Standpunkte zusammenfassen – Neubewertungen anregen – Verfahrensvorschlag machen – Diskussion strukturieren – Perspektiven aufzeigen

4. Phase: Maßnahmenplanung und -vereinbarung		
Fokus	Leitfragen	Ihr Verhalten
– Konkreten Handlungsplan erstellen – Aktionsschritte vereinbaren	– Welche Lösungs-/Verfahrensideen gibt es? – Welche konkreten Maßnahmen wollen wir einleiten? – Welche Rahmenbedingungen sind zu beachten, welche Stellen sind zu beteiligen? – Wer tut was bis wann mit wem? – Wann überprüfen wir das Ergebnis? – Woran erkennen wir den Erfolg, wann sind wir zufrieden?	– Offene Fragen stellen – Aktiv zuhören – Position zum Verfahren beziehen – Vorschläge präzisieren, zusammenfassen und visualisieren – Vereinbarungen festhalten
Abschlussphase: Ergebnisse sichern		
Fokus	Leitfragen	Ihr Verhalten
– Besprechung auswerten	– Was sind die wesentlichen Gesprächsergebnisse? – Was hat mir an dieser Sitzung gefallen, was hat mich gestört? – Was wollen wir bei solchen Besprechungen zukünftig beachten?	– Offene Fragen stellen – Beobachtungen mitteilen – Zusammenfassen – Ausblick geben – „Runden" Abschluss schaffen

So managen Sie Stress in Verhandlungen

Stress und Verhandlungen gehen schnell Hand in Hand. Bereits im Vorfeld kann vor wichtigen Verhandlungen der Puls in die Höhe schnellen. Tage vor dem eigentlichen Termin werden Menschen von einer unterschwelligen bis offenen Unruhe beziehungsweise Aufregung ergriffen und schlafen schlechter.

Der Wunsch, alles perfekt machen zu wollen, eine 1a-Präsentation abliefern zu wollen, seine Sache gut machen zu wollen, sind Anzeichen für ein eigenes hohes Anspruchslevel. Dieser hohe Anspruch reibt sich nun oft mit der Angst, dass irgendetwas nicht klappen könnte, man einen Blackout hat, die Technik versagt, die Verhandlungspartner unfreundlich reagieren, weil ihnen nicht gefällt, was sie hören oder sehen.

Sehr hohe Ansprüche an sich selbst führen zu Versagensängsten

Kurzum, viele Menschen werden von Versagensängsten geplagt oder der Angst, nicht ihr Ziel zu erreichen. Besonders wenige Stunden und Minuten vor der Verhandlung kann die Nervosität hohe Wellen schlagen, man fühlt das Herz im Hals, oder es rumort im Bauch. Nerven bewahren ist hier angesagt. Die folgende Anleitung soll Ihnen als Leitfaden gerade in solchen Situationen dienen.

Anleitung für den Umgang mit Stress

1. **Atmung**: Lernen Sie, vor allem in akuten Fällen von Nervositätsanfällen Ihren Atem zu kontrollieren, und stellen Sie um auf ruhige, verbundene Atemzüge in den Bauch. Schon nach wenigen Sekunden merken Sie in Ihrem Körper eine Veränderung. Die Atmung ist das Allerwichtigste, ganz gleich, welche persönlichen Methoden Sie noch für sich entwickeln. Die Muskulatur des Körpers kann auf ruhige Atmung nur mit Entspannung reagieren, es gibt keine andere Möglichkeit. Dies ist Ihr unmittelbarstes Handwerkszeug im Kampf gegen den Stress.
2. **Eine gute, fundierte Vorbereitung:** Sie hilft im Vorfeld, Ihr Gefühl von Kompetenz zu stärken. Versuchen Sie in jedem Fall, am Abend und in der Nacht vor einer schwierigen Verhandlung zu entspannen. Lenken Sie sich ab, und tun Sie, was immer Ihnen dabei hilft – eine Verabredung mit Freunden, ein Bad, Fernsehen – alles, was Ihnen den Kopf frei macht, ist gestattet. Sollten Sie immer bis zum letzten Moment an Ihren Vorbereitungen arbeiten, versuchen Sie sich selbst auszutricksen, indem Sie den Abgabetermin gedanklich ein oder zwei Tage vorverlegen. Tun Sie so, als wäre dies die Realität!
3. **Locker lassen:** Besonders bei Verhandlungen, wo Sie das Gefühl haben, dass es um alles geht, versuchen Sie, vorher

locker zu lassen. Denn sonst gewinnen Sie den Eindruck, dass Ihr Glück vom Ausgang eines einzigen Ereignisses abhängt. Sie machen sich abhängig und setzen sich unter Druck. Abhängigkeit kann der Verhandlungspartner aber oft fühlen und erzeugt im Geschäftsleben meist das Gegenteil von dem, was Sie wollen – nämlich Rückzug. Legen Sie sich außerdem einen Plan B für den Fall zurecht, dass Ihre schlimmsten Befürchtungen eintreffen.

Ein „Mantra" formulieren

4. **Sich selbst motivieren:** Selbst wenn Sie sich ausgezeichnet auf eine Verhandlung vorbereitet haben, sind Sie möglicherweise sehr aufgeregt. Hierfür gibt es nur einen Lösungsweg: Lernen Sie, damit umzugehen. Da alle Methoden und Empfehlungen vor allem in den letzten Stunden und Minuten vor der Verhandlung funktionieren müssen, ist es sinnvoll, das Repertoire auszuschöpfen, das wir quasi am Körper tragen: Motivieren Sie sich, indem Sie sich einen Satz überlegen, den Sie wie ein Mantra wiederholen und an dem Sie sich festhalten können.

Experten-Tipp

Mit diesen Sätzen nehmen Sie sich den Stress

- „Was auch immer passiert, ich werde hier rausgehen, und es geht mir gut."
- „Ich bin nicht abhängig vom Ausgang dieser Verhandlung. Ich gebe mein Bestes, mehr geht nicht."

5. **Lächeln Sie:** Je mehr Sie verkrampfen und sich ängstigen, desto mehr sollten Sie sich zwingen zu lächeln! Auch dies ist für den Körper ein positives Signal, auf das er nur positiv reagieren kann.

Ganz egal, welche Methoden Sie als Stressbewältigung anwenden – ob Sie meditieren wollen, sich als Ritual einen Vitaminsuperdrink genehmigen, Sie Ihre Aufregung beim Laufen abbauen und spazieren gehen – tun Sie wenige Stunden vor stressigen Verhandlungen nur noch Dinge, die Sie entspannen und kräftigen. Verbinden Sie die Fahrt zum Verhandlungsort damit, sich nebenbei Gutes zu tun, vergessen Sie Ihr Mantra nicht, und atmen Sie, wie Sie es hier gelernt haben. Dies gilt auch für die letzten Minuten, bevor Sie die Verhandlungsräume betreten. So kommen Sie mit einigermaßen ruhigem Puls und Gemüt an.

Zu guter Letzt: So kommen Sie in Ihrer Karriere weiter

In diesem Buch haben Sie gelernt, wie Sie sich auf eine Verhandlung vorbereiten können, wie Sie Ihren Verhandlungspartner einschätzen, welche Verhandlungstaktik die richtige ist und wie Sie mit Konflikten innerhalb von Verhandlungen umgehen können. In diesem letzten Kapitel finden Sie einen Abschlusstest, mit dem Sie überprüfen können, wie gut Sie die Verhandlungstechniken beherrschen oder in welchen Bereichen Sie noch Lücken haben. Dann gehen Sie am besten noch einmal die entsprechenden Kapitel durch. Der beste Test allerdings ist der, in den kommenden Verhandlungen Ihr neues Wissen anzuwenden. Sie werden sehen, dass Sie enorme Fortschritte gemacht haben. Mit der anschließenden Checkliste erhalten Sie einen Leitfaden für die kommenden Verhandlungen, den Sie sich immer wieder vornehmen können. Der Karriereplaner, den Sie hier am Ende vorfinden, bietet Ihnen noch Anhaltspunkte, wie Sie Verhandlungstechniken auch langfristig für Ihre Karriere einsetzen können.

Abschlusstest

Fragen	Antworten
1. Welche vier Ziele sollten Sie sich vor Verhandlungen unbedingt formulieren?	
2. Mit welchen Fragen werden Sie konfrontiert, wenn es bei der Betrachtung des Verhandlungskontexts um die Vergangenheit geht?	
3. Um welche vier Seiten geht es bei der Positionsklärung vor der Verhandlung?	
4. Was sind die Grundbedürfnisse des Menschen, und warum sind sie in Verhandlungssituationen wichtig?	

CD-ROM

Fragen	Antworten
5. Wie gehen Sie mit einem Verhandlungspartner um, der offensichtlich falsche Fakten in die Verhandlung einbringt?	
6. Was sind die Stärken und was sind die Schwächen des „Löwen"? Wie gehen Sie am besten mit dem Verhandlungstier „Löwe" um?	
7. Wie schöpfen Sie Ihre drei Kernargumente, und in welcher Reihenfolge bringen Sie diese in die Verhandlung ein?	
8. Wann sind Vertiefungsfragen in Verhandlungssituationen sinnvoll?	
9. Warum sollten Du-Botschaften in Verhandlungen vermieden werden?	
10. Welche unterschiedlichen Gründe kann es haben, wenn ein Kunde den Preis drücken will?	
11. Wie können Sie einem Kunden erklären, warum er bei Ihnen mehr bezahlen muss als beispielsweise bei der Konkurrenz. Finden Sie mögliche Reaktionen.	
12. Welches sind die fünf Schritte der Einwandbehandlung?	
13. Welche vier Grundprinzipien gibt es für Verhandlungen im Konfliktfall?	
14. Neben den grundsätzlichen Aufgaben eines Moderators wie Sammeln, Strukturieren usw. kommen auf Sie zwei Herausforderungen zu. Welche sind das?	
15. Was können Sie tun, wenn Sie als Moderator merken, die Verhandlungspartner können oder wollen nicht mehr verhandeln?	
16. Was nennt man in Verhandlungssituationen „Kuchenvergrößerung"?	
17. Was wird als „Fremdworttaktik" bezeichnet, und wie können Sie darauf reagieren?	
18. Was wird als „Induktionstaktik" bezeichnet, und wie können Sie darauf reagieren?	

Fragen	Antworten
19. Wer war Fürst Clemens von Metternich? Er nannte eine Voraussetzung, die gegeben sein muss, um langfristig den Frieden zu sichern. Welche Voraussetzung meinte er?	
20. Was bezeichnet man als „Beste Ausstiegsalternative", und wann sollte man sie einsetzen?	

Lösungen

Antwort 1

- Was ist das Mindeste, worauf Sie sich einlassen können? (Minimalziel)
- Was ist das Äußerste, das Sie verlangen können, ohne maßlos zu wirken? (Maximalziel)
- Worauf könnten Sie maximal verzichten?
- Was ist das Mindeste, das Sie anbieten könnten, ohne vollkommen unflexibel zu erscheinen?

Antwort 2

- Seit wann ist das Thema schon in der Verhandlung?
- Was war der Anlass für die Verhandlung?
- Was wurde schon versucht, um eine Einigung zu finden?
- Wer hat an den bisherigen Verhandlungen mitgewirkt? Und welche (Teil-)Ergebnisse wurden erzielt?
- Kennen Sie Ihren Verhandlungspartner, und welche Erfahrungen haben Sie mit ihm in der Vergangenheit gemacht? Wie würde er seine Erfahrungen mit Ihnen einschätzen?
- Was können Sie abschließend aus der Vergangenheit lernen, das Ihre nächste Verhandlungssituation prägen könnte?

Antwort 3

- Die Sachinhaltsseite: „Was habe ich meinem Gesprächspartner zu sagen?"
- Die Selbstkundgabeseite: „Was will ich meinem Verhandlungspartner von mir zeigen?"

- Die Beziehungsseite: „Welche Beziehung möchte ich aufbauen?“
- Die Appellseite: „Was will ich beim anderen erreichen? Welchen Einfluss möchte ich auf den anderen nehmen? Was ist mein Gesprächsziel?“

Antwort 4
- Bedürfnisse der Selbstverwirklichung
- „Ich“-Bedürfnisse
- Sicherheitsbedürfnisse
- Soziale Bedürfnisse
- Körperliche Bedürfnisse

In Verhandlungen setzen sich die Verhandlungspartner für diese Bedürfnisse ein. Deswegen sind sie allgegenwärtig.

Antwort 5
- Erstellen Sie gemeinsam eine Liste, über welche Fakten oder Daten Sie ein gemeinsames Verständnis benötigen, um in Ihrer Verhandlung voranzukommen.
- Nehmen Sie Ihren Verhandlungspartner in die Pflicht.
- Etablieren Sie eine gemeinsame Faktenplattform, die allein schon durch die Tatsache, dass beide Parteien daran mitgewirkt haben, unbestreitbar wird.

Antwort 6
- Stärken des Löwen:
  - Der Löwe ist ehrlich und schafft dadurch sehr schnell Vertrauen.
  - Er ist fair und lässt die Beziehungsseite von Verhandlungen nicht außer Acht.
- Schwächen des Löwen:
  - Der Löwe plaudert frühzeitig Dinge aus, die gar nicht angebracht sind. Er ist sehr angreifbar, da er trotz seiner Stärke auch Schwächen zeigt. Der Löwe wird auch häufig in Gruppen vorgeschoben, um als Stellvertreter Probleme zu lösen (verhandeln), die sich niemand anzugehen traut.
  - Daher läuft der Löwe Gefahr, am Ende als Verantwortlicher dazustehen.
- So gehen Sie am besten mit Löwen um:

- Auf jeden Fall Du-Botschaften vermeiden.
- Sich Zeit für die Begrüßung nehmen und ausdrücklich Ihr Interesse an einer win-win-Situation hervorheben. Betonen Sie auch Ihr Entgegenkommen an der einen oder anderen Stelle.
- Dem Löwen unbedingt viel Raum geben, damit er seine Anliegen und Wünsche einbringen kann.
- Den Löwen direkt nach Ängsten und Bedenken fragen. Das mag er gerne. Damit steht er als Person im Mittelpunkt.
- Besonders auf nonverbale Kommunikation achten.

Antwort 7

1. Zielbestimmung
   Welches Ziel verfolgen Sie? Formulieren Sie dieses eindeutig.
1. Brainstorming
   Sammeln Sie sämtliche Argumente, die Ihre Ziele unterstützen.
2. Zusammenfassung
   Fassen Sie die Argumente zusammen, die den gleichen Nutzen haben.
3. Die drei schlagkräftigsten Argumente bestimmen
   Nehmen Sie die drei wichtigsten Argumente aus Ihrer Liste heraus, und bringen Sie sie in folgende Reihenfolge:
   - Das wichtigste Argument
   - Das unwichtigste Argument
   - Das zweitwichtigste Argument

Antwort 8

Vertiefungsfragen sind sinnvoll, wenn Sie einen Aspekt des Themas näher beleuchten möchten. Hier geht es darum, die Details zu verstehen und nachzuvollziehen.

Antwort 9

Du-Botschaften:

- verursachen Schuldgefühle,
- werden als Tadel, Herabsetzung, Kritik, Ablehnung empfunden,

- können den Eindruck erwecken, man missachte den anderen,
- provozieren häufig Vergeltungsmaßnahmen,
- können der Selbstachtung des Empfängers schaden,
- können anstelle der Bereitschaft für Veränderung Widerstand gegen diese hervorrufen,
- können den anderen verletzen und später Groll in ihm wecken,
- werden häufig als bestrafend empfunden.

Antwort 10
Gründe dafür können sein:

- Unsicherheit: Weil er vom Preis-Leistungs-Verhältnis noch nicht überzeugt ist.
- Seine Erfahrung: Der Kunde hat gelernt, dass es sich meistens lohnt, den Preis zu verhandeln.
- Seine Position: Der Kunde ist Einkäufer und möchte dieser Position gerecht werden.
- Seine Vorgaben: Weil er günstiger einkaufen muss. Oder weil er selbst nicht oder nicht allein entscheiden kann.

Antwort 11
Mögliche Antwortreaktionen:

- „Sie haben Recht, wir sind zum Teil teurer als der Wettbewerb, dafür haben Sie bei uns den Vorteil, dass …"
- „Natürlich könnten wir auch billiger anbieten, nur müssten wir dann auf … verzichten."
- „Wir bieten Ihnen einen zuverlässigen Service, zum Beispiel sehr schnelle Reaktionszeiten. Vorteil: Sie reduzieren Ausfallzeiten und sparen damit Kosten!"
- „Aufgrund unserer Standortnähe zu Ihnen haben Sie weitere Vorteile: Zum einen können wir so eine schnelle Verfügbarkeit Ihrer Anlage gewährleisten, das heißt, Sie minimieren Ausfallzeiten und Kosten. Zum anderen reduzieren Sie Anfahrts- und Transportkosten."
- „Wir arbeiten ausschließlich mit qualifizierten Mitarbeitern. Vorteil: Dadurch können wir eine hohe Ausführungsqualität gewährleisten. Das bedeutet für Sie eine hohe Prozesssicherheit, weniger Ausfälle und weniger Kosten. Darüber

hinaus vermeiden Sie Unfallrisiken und damit weitere Kosten."

Antwort 12

Die fünf Schritte der Einwandbehandlung:

1. Hören Sie sich den Einwand wirklich an.
2. Versichern Sie sich, ob Sie es richtig verstanden haben, indem Sie den Einwand mit eigenen Worten wiederholen.
3. Bestätigen Sie den Einwandgeber.
4. Bieten Sie Lösungen an, und entkräften Sie den Einwand.
5. Überprüfen Sie, ob Sie den Einwand wirklich ausgeräumt haben.

Antwort 13

Die vier Grundprinzipien für Verhandlungen im Konfliktfall:

1. Behandeln Sie Menschen und Probleme getrennt.
2. Konzentrieren Sie sich nicht auf Positionen, sondern auf Interessen.
3. Suchen Sie Möglichkeiten für beiderseitigen Nutzen.
4. Bauen Sie das Ergebnis auf objektiven Entscheidungskriterien auf.

Antwort 14

Sie müssen als Moderator unbedingt neutral sein.
Sie müssen Gerechtigkeit walten lassen.

Antwort 15

1. Verabreden Sie einen Lösungsaufschub.
2. Suchen Sie eine bessere neue Lösung. (win-win)
3. Suchen Sie einen Kompromiss, bei dem beide Seiten nicht verlieren.
4. Suchen Sie einen Kompromiss, bei dem beide Seiten gleich viel verlieren.
5. Suchen Sie Trennungsmöglichkeiten.
6. Bieten Sie einen fairen Kampf um den Sieg an.

Antwort 16

Idealerweise findet sich durch ein Brainstorming nach möglichen Lösungswegen ein Lösungsweg, den die Verhandlungsparteien in dieser Form zunächst gar nicht in Betracht gezogen hatten, der aber ihren beiderseitigen Interessen entspricht. Diese Form der kreativen Lösungssuche nennt man auch „Kuchenvergrößerung".

Antwort 17
Diese Taktik dient dazu, das eigene Fachwissen zu beweisen oder um zu verwirren. Es geht darum, mit Fremdwörtern zu glänzen. So könnten Sie darauf reagieren:

- „Können Sie dies in gutes Deutsch übersetzen?"
- „Es wäre interessant zu erfahren, was das alles heißt."

Antwort 18
Bei der Induktionstaktik soll ein zugkräftiges Einzelbeispiel beweisen, dass die Aussage allgemein gültig ist.
Darauf könnten Sie folgendermaßen reagieren:
„Ein schönes Einzelbeispiel, leider beweist uns das Beispiel nichts." Stellen Sie jetzt ein Gegenbeispiel. Mit einem einzigen Gegenbeispiel fällt das ganze Argumentationsgebäude in sich zusammen.

Antwort 19
Von Metternich war österreichischer Staatsmann und Kanzler zur Zeit Napoleons. Er galt als einer der begabtesten „Verhandler" der Geschichte. Er kämpfte gegen Hegemonie (Vorherrschaft) und vertrat die Auffassung, dass nur ein Gleichgewicht der Kräfte den Frieden sichern und harte Konflikte vermeiden könne.

Antwort 20
Im Fall so genannter Machtungleichgewichte, wenn also die Gegenseite schlicht gesagt stärker ist, führen die genannten Rezepte des rationalen Verhandelns häufig nicht zum Erfolg. Dann kann es, je nach Verhandlungsgegner und -gegenstand, vernünftig sein, einen Ausstieg aus der Verhandlung ernsthaft in Erwägung zu ziehen. Die günstigste dieser Möglichkeiten wird hier „Beste Ausstiegsalternative" genannt.

Checkliste für erfolgreiche Verhandlungen

Checkliste

Hier finden Sie die wichtigsten Faktoren für die Vorbereitung und Durchführung von Verhandlungen:

Ziele und Informationen
Mit welchen Zielen gehen Sie in die Verhandlung? (Maximalziel? Minimalziel?)
Was könnte schlimmstenfalls geschehen, wenn Sie das angestrebte Ergebnis nicht erreichen?
Haben Sie genügend Informationen über den Verhandlungspartner?
Gibt es mehr als einen Weg, Ihr Ergebnis zu erzielen?
Warum streben Sie dieses Ergebnis an – was bedeutet es für Sie?
Ist Ihr Ergebnis positiv?
Was wollen Sie nicht und weshalb?
Wo liegen Ihre Grenzen – wo werden Sie hart bleiben?
Zu welchen Zugeständnissen sind Sie bereit? Was ist wichtig für Sie?
Stärken und Schwächen
Wo liegen Ihre Stärken und Schwächen?
Wie können Sie Ihre Stärken demonstrieren, ohne Ihre Schwächen zu zeigen?
Analyse des Verhandlungspartners
Welche Personen auf der anderen Seite sind an dem Ergebnis interessiert?
Was will die Gegenseite vermutlich erreichen und weshalb?
Wie wichtig ist eine Vereinbarung für die Gegenseite, was würde sie verlieren, wenn Sie beide sich nicht auf eine Vereinbarung einigen könnten?
Welche Forderungen wird der Verhandlungspartner stellen?
Welche Motive (Probleme, Bedürfnisse, Wünsche) stecken dahinter?
Welche Angebote können Sie zur Befriedigung der Motive machen?

CD-ROM

Der Einfluss der Vergangenheit
Welchen Einfluss könnten frühere Verhandlungen auf die jetzt anstehende haben? Welchen Einfluss könnten die bestehenden Gewohnheiten haben?
Festlegung der Verhandlungsstrategie
Wie ist die Macht zwischen Ihnen verteilt? Wie wichtig ist Ihnen die Verhandlung? Wie soll das Verhältnis nach der Verhandlung sein? Welche gemeinsamen Interessen gibt es? Welche Strategie wählen Sie? (Drängen; Nachgeben; Kompromiss; Zusammenarbeit; sonstige?)
Einstieg in die Verhandlung
Welche Small-Talk-Themen sind geeignet? Welche Einstiegstaktik wählen Sie? (Hohe Einstiegsforderung? Treffen in der Mitte? Abwarten?)
Weg zur Vereinbarung/Argumentation
Welches ist Ihr Mindestangebot? Welches ist Ihre Maximalforderung? Welches ist Ihr maximaler Verzicht? Welchen Nutzen erwartet Ihr Verhandlungspartner? Welchen Nutzen können Sie ihm bieten? Wie können Sie Ihren eigenen Nutzen vergrößern? Welche Differenzen gibt es, welche Gemeinsamkeiten? Wo ist ein Kompromiss möglich, wo nicht? Was sind Sie bereit aufzugeben? Welche Argumente haben Sie (= Gesamtliste)? Welche (drei) Argumente sind die wichtigsten und überzeugendsten? Gewichtung?
Widerstand brechen
Welche Folgen hätte ein Scheitern der Verhandlung? Womit könnten Sie Ihren Verhandlungspartner warnen? Wie sieht Ihre „Beste Ausstiegsalternative" aus?

Karriereplan für das Jahr | Für

Test & Training

→ So nutzen Sie Ihren Karriereplaner

Überlegen Sie sich, welche Ziele Sie im Verlauf Ihrer Karriere erreichen wollen. Sie werden immer wieder in Verhandlungen stehen, mal als Teilnehmer, mal als Moderator. Und um in der Karriere weiterzukommen, werden Sie sicherlich erfolgreiche Verhandlungen erreicht haben wollen.

Nehmen Sie sich noch einmal den Karriereplaner zur Hand und überlegen Sie sich längerfristige Perspektiven. Verwenden Sie dazu Ihre neu gewonnenen Erkenntnisse.

Der Karriereplaner auf der mitgelieferten CD-ROM hilft Ihnen dabei, Ihre Ziele und die dafür notwendigen Schritte zu dokumentieren.

Karriereziel 1:

→ Souverän verhandeln

1. Argumentieren Sie schlagkräftig.
2. Verbessern Sie Ihre Schlagkräftigkeit.
3. Vergleichen Sie das Verhandlungsergebnis mit Ihren Zielen aus der Vorbereitung.
4. Führen Sie auch konflikthafte Verhandlungen.
5. ______
6. ______
7. ______
8. ______
9. ______
10. ______

Ihre Schritte zum Ziel

Karriereziel 2:

→ Verhandlungstaktiken einsetzen

1. Setzen Sie Fragetechniken ein.
2. Üben Sie konstruktive Verhandlungstaktiken.
3. Üben Sie, auf destruktive Verhandlungstaktiken zu reagieren.
4. Schätzen Sie Ihren Verhandlungspartner immer besser ein.
5. Erkennen Sie immer wiederkehrende Rollenmuster.
6. ______
7. ______
8. ______
9. ______
10. ______

Ihre Schritte zum Ziel

Karriereziel 3:

→ Karriereleiter steigen

1. Üben Sie sich in der Moderatorenrolle.
2. Verbessern Sie Ihre Kommunikation.
3. Besuchen Sie Seminare zu „Verhandlungstechniken ausbauen", „Moderation", „Mitarbeiter führen".
4. ______
5. ______
6. ______
7. ______
8. ______
9. ______
10. ______

Ihre Schritte zum Ziel

Literatur

Bandler, Richard und Grinder, John
Reframing. Ein ökologischer Ansatz in der Psychotherapie (NLP). Junfermann, 2005.

Bruno, Tiziana und Adamczyk, Gregor
Karrierefaktor Körpersprache. Haufe, 2005.

Harris, Amy B. und Harris, Thomas A.
Einmal o.k., immer o.k. Rowohlt, 2004.

Harris, Thomas A.
Ich bin o.k., Du bist o.k. Rowohlt, 1975.

Jiranek, Heinz und Erdmüller, Andreas
Konfliktmanagement – Als Führungskraft Konflikten vorbeugen, sie erkennen und lösen. Haufe, 2003.

Maslow, Abraham H.
Motivation und Persönlichkeit. Rowohlt, 2002.

Redlich, Alexander
Potential Konflikte. Windmühle, 1997.

Riemann, Fritz
Grundformen der Angst. Reinhardt, 2003.

Schulz von Thun, Friedemann
Störungen und Klärungen. Miteinander reden, Band 1. Rowohlt, 1998.

Zienterra, Gabriele
Test & Training Moderation. Haufe, 2006.